【貓奴】

為貓咪追求真正的幸福，
獻上無邊無際的愛意。
並且對此
感到無比喜悅的人。

前言

貓咪為什麼會渾身充滿魅力呢？

外表自不用說，來磨蹭的樣子可愛，睡相也很可愛，回家時出來迎接的模樣可愛，在浴室門口等我們出來的樣子也可愛得不得了……還有緊張時就冒汗的肉球，以及打掃房間時不經意撿到的貓鬍鬚，都令人喜愛。貓咪的一舉一動，全身上下都令人著迷……。

相信閱讀本書的各位，也已經徹底沉迷於愛貓的魅力了吧？希望惹人憐愛的毛小孩能夠永遠健康，盡可能多陪我們久一點，並且由衷期望牠們幸福，肯定是所有

「奴才」的共通心願。

但是你給予貓咪的愛是否「正確」呢？

舉例來說，你是否做過下列的事情呢？

- 考量貓咪是肉食性動物，所以提供無穀食品
- 為了節省打掃的工夫，使用雙層貓砂盆或紙砂
- 因為貓咪太可愛，而強行將臉埋到牠們的肚子裡，或是三不五時就打擾牠們

這些對貓咪真的是好事嗎？

我，NYANTOS，歷經數年的臨床獸醫師經驗後，為了對獸醫學有所貢獻，現在

於日本研究所以研究員的身分，每天忙於實驗與論文的撰寫。雖然回家時多半已經筋疲力盡，但是看到褐色虎斑貓「小喵」一臉「我好寂寞喔～」地出來迎接我，就覺得快被那可愛給迷昏了。

我那希望愛貓能夠「更幸福長壽」的心願，想必與其他飼主無異；相信與貓咪一起生活時所產生的疑惑，也是所有飼主同樣會有的煩惱。

稍微有點不同的，是我這個「貓奴」擁有獸醫師的經驗與知識，並且能夠全力發揮研究員生涯所訓練出來的調查能力，研究大量與貓咪有關的最新科學論文。

我們應該為愛貓注意什麼事項？實際上又該怎麼做？本書就是想將所有正確知識與個人經驗，獻給世界上最為愛貓著想的你，期望你也能夠成為「讓貓咪更幸福的貓奴」。

因此，與坊間許多獸醫寫的「貓咪照顧書」有些不同，本書是以實際與貓咪生活的「貓奴」身分撰寫，並穿插自家經驗，為各位飼主解答日常煩惱與疑問。

只要閱讀本書，就不會再被市面上的錯誤資訊混淆，能夠對為愛貓獻上的疼愛更有自信。

身為「貓奴」最大的心願，就是希望愛貓覺得「很慶幸來到這個家」，對吧？

如果本書能夠為這個心願盡一份心力，我將深感榮幸。

獸醫NYANTOS

首先

極致「貓奴」會想了解的事情

過度詳細的貓咪身體解說

貓咪那總是讓我們「貓奴」心癢癢的可愛身體，其實充滿了各種功能，請務必仔細觀察自家貓主子喔！

世界上最可愛的

貓鈴鐺

醫學名詞來說應該是「睪丸」或「陰囊」，不過那圓滾滾又毛茸茸的模樣，使其在貓奴間以「貓鈴鐺」廣為人知。連私密部位都這麼可愛的貓咪簡直就是神，啊，不過請務必為愛貓結紮喔！

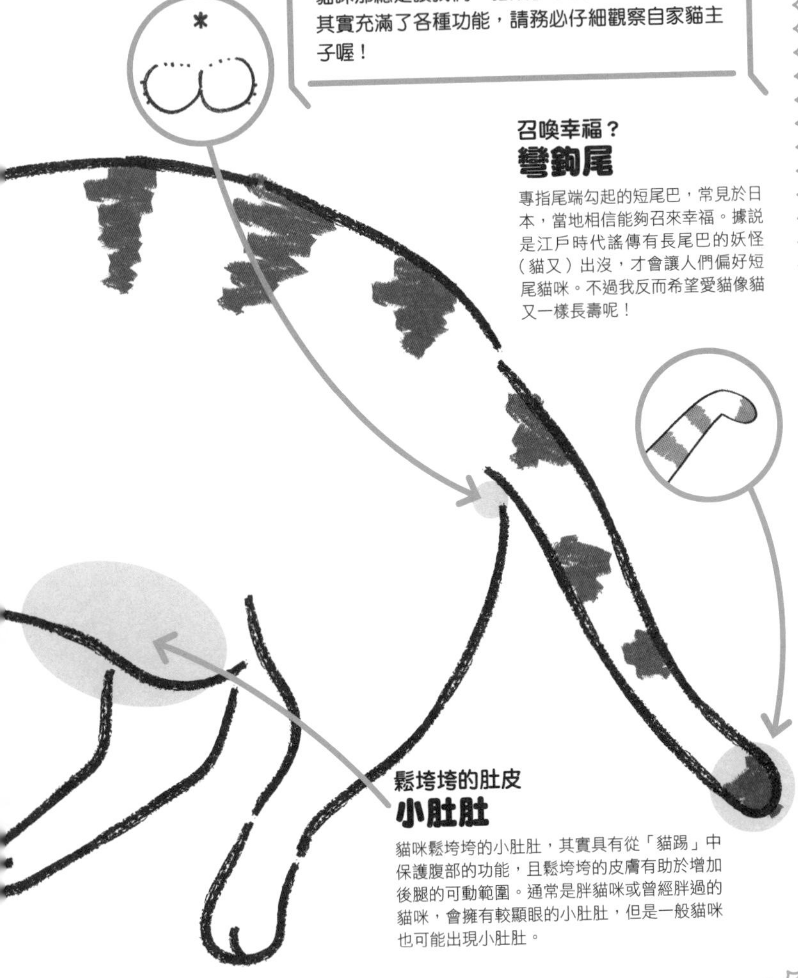

召喚幸福？

彎鉤尾

專指尾端勾起的短尾巴，常見於日本，當地相信能夠召來幸福。據說是江戶時代謠傳有長尾巴的妖怪（貓又）出沒，才會讓人們偏好短尾貓咪。不過我反而希望愛貓像貓又一樣長壽呢！

鬆垮垮的肚皮

小肚肚

貓咪鬆垮垮的小肚肚，其實具有從「貓踢」中保護腹部的功能，且鬆垮垮的皮膚有助於增加後腿的可動範圍。通常是胖貓咪或曾經胖過的貓咪，會擁有較顯眼的小肚肚，但是一般貓咪也可能出現小肚肚。

山貓祖先的餘威
耳脊毛

各位的愛貓耳朵尖端是否有毛豎起呢？這種毛稱為「耳脊毛」，據信是山貓時代流傳下來的特徵，能夠感知細微的空氣流動與聲音，在狩獵時相當有用，常見於緬因貓等大型貓。

隆起的鬍鬚底座
鬍鬚墊

鬍鬚墊是支撐貓咪鬍鬚的重要部位，血液循環旺盛且有密集的感覺神經。貓咪鬍鬚能夠如天線般運作，其實就是鬍鬚墊的功能。由此可知，鬍鬚墊不僅可愛，還具有卓越的性能呢！

有助於擄獲獵物
圓滾滾的大眼睛

貓咪的體型嬌小，眼球尺寸卻幾乎與人相同，而且瞳孔還可以張開至人類的3倍，所以看起來特別圓滾滾。據說這樣的眼睛能夠幫助牠們「在黑暗中擄獲獵物」，不過顯然也具有擄獲人心的功能呢。

其實是梳子？
小得誇張的門牙

貓咪的門牙小得誇張，但是也超級可愛的對吧？各位或許會思考：「這麼小能做什麼？」其實貓咪在理毛時會出現的啃咬動作，就是正在透過門牙梳理被毛。

與毛色有關
肉球

大家最喜歡的貓肉球顏色豐富，其實也與毛色、花紋息息相關。像白貓這種淺毛色的貓咪，通常都是粉紅色的肉球，黑貓或虎斑貓就多半為黑色或豆沙色。有趣的是像賓士花紋等的貓咪，就會出現混合色肉球。

感知獵物的動態
前腳也有鬍鬚？

各位是否以為貓咪只有臉上有鬍鬚呢？其實前腳也有喔。這裡的鬍鬚能夠感知獵物的動態，是肉食動物的特徵。

ents

前言——002

過度詳細的貓咪身體解說——006

第1章 餵食注意事項

網路排行榜充滿錯誤資訊！——014

要留意過度的「無穀信仰」——017

獸醫推薦的品牌——021

結合乾食與溼食的「乾溼混合」——024

分「四餐」餵食的優點——027

貓咪以「嗅覺」確認美食，而非味覺——032

餵食熟齡貓，須依體質下工夫——034

自行餵食處方食品的危險性——038

手作鮮食？請等一下！——041

零食未必不好——043

注意保健食品的過度攝取與誤食！——046

插畫家OKIEIKO的「請告訴我！NYANTOS醫師」【之1】——050

光是外出，就足以縮短三年壽命——054

預防傳染病，兼顧疫苗風險與施打頻率——058

源源不絕的誤食意外，先排除這些危險因子！——061

百合超毒！拒絕植物入家門乃最佳對策——064

香菸、含香料清潔劑與除菌噴霧，同樣損及健康——066

・應注意的常見誤食項目——069

・可能危害貓咪健康的主要項目——070

Cont

第2章 健康長壽的注意事項

健康檢查「半年一次」，等於人類的兩年一次 071
小喵的例行健康檢查項目 073
加碼會更安心的檢驗項目 075
・健康檢查報告的閱讀法 076
在家也能執行的詳細健檢 080
・體重秤量以公克為單位 080
・從舉止與表情判斷是否正忍痛 081
・藉由觸摸檢查腫塊或傷痕 084
・確實掌握排尿量與飲水量 086
・不要輕忽便祕，應儘早應對 087
・有問題的嘔吐特徵 090
・日常就應測量呼吸次數 091
・被毛狀況不佳，也可能並非皮膚病所致 092
確實執行！飼主可以做好的貓咪疾病預防 092
・切記「肥胖」是萬惡之源 093
・禍從口出？勤加刷牙以預防牙周病 095
・增加飲水量，預防泌尿相關疾病 097
SOS！看懂貓咪的救命警訊 100
・尿液中的警訊 100
・呼吸中的警訊 103
・有站不起來、哀號等狀況，立即就醫 104
插畫家OKIEIKO的「請告訴我！NYANTOS醫師」【之2】 106

ents

第3章

居住環境的注意事項

正因是家人，更須意識到「貓咪不是人類」——110
確保貓咪擁有可環顧空間的「展望台」——111
光是有「藏身處」，就能提升貓咪安心感——114
徹底滿足貓咪磨爪子的需求——115
・幼貓喜歡S型，成年公貓喜歡柱狀？——117
・小道具與獎勵齊下，解決令人困擾的亂抓習慣——120
排泄環境不佳，將提升尿路疾病的風險——122
・準備寬達50公分以上的大廁所——124
・貓咪最喜歡的是礦砂——125
・避免顆粒大、不易凝結、太輕的貓砂——127
・雙層貓便盆，也應選擇顆粒小的貓砂——129
令貓咪開心的訣竅是刺激狩獵本能——131
注意中暑與燙傷，藉空調確實做好溫度控管！——133
多貓飼養要三思——136
・廁所與飲食管理的困難度——136
・必須確保個別的隱私空間——138
帶著愛貓即刻避難——你辦得到嗎？——143
由愛貓主導距離感也是一種愛——148
插畫家OKIEIKO的「請告訴我！NYANTOS醫師」【之3】——152
疑難雜症的治療研究，馬不停蹄進行中！——156
新藥「AIM」能夠有效對抗腎衰竭？——156

第4章

最新研究與貓咪雜學

緩解貓傳染性腹膜炎的新藥 —— 159
改善貓咪過敏的疫苗與飼料 —— 162
「大叔坐姿」其實是關節炎太過疼痛所致 —— 164
預防萬一，請先確認愛貓的血型 —— 167
貓咪也有慣用手？ —— 170
為什麼會「便便High」？依然是貓咪謎團之一 —— 172
貓咪也會做夢？ —— 173
對著野鳥發出「喀喀喀」，是在模仿鳥叫聲？ —— 176
飼主對貓咪來說猶如「貓媽媽」 —— 177
檢視貓咪「表達愛意」的訊息 —— 180
・用臉磨蹭或是用頭頂飼主 —— 180
・為飼主理毛 —— 181
・露出腹部在地上打滾 —— 181
・豎直尾巴接近 —— 182
・用前腳踏踏 —— 182
・喉嚨發出呼嚕呼嚕的聲音 —— 183
・緩慢眨眼 —— 183
飼主洗澡或上廁所也要跟，是在巡邏嗎？ —— 184
為什麼才剛吃飽，又不斷討食物呢？ —— 186
貓咪行為中的謎團無限大？ —— 187
・睡在飼主衣服上之謎 —— 188
・觸摸尾巴根部就挺腰之謎 —— 189

Contents

・撫摸途中忽然咬過來之謎 190
・盯著空無一物之處看之謎 190
收容所醫師不為人知的努力 191
該怎麼領養貓咪呢？ 193
・向收容所領養的方法 195
・向動保團體領養的方法 196
插畫家OKIEIKO的「請告訴我！NYANTOS醫師」【之4】 198

第5章 讓貓咪更幸福的Q&A集 201

主要參考文獻一覽 237
後記 238

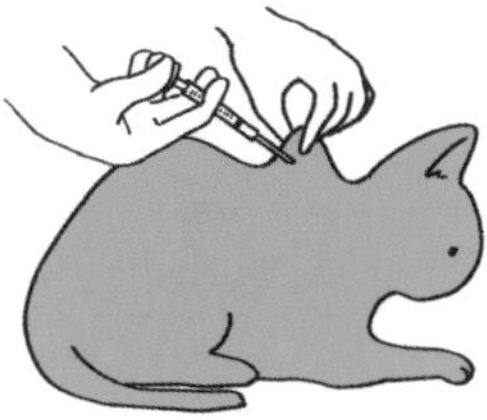

第 1 章

餵食注意事項

網路排行榜充滿錯誤資訊！

「究竟哪款貓飼料才是最好的呢？」

這是貓飼主最常見的煩惱之一，因為網路上充斥著形形色色的資料，愈是查詢愈搞不清楚正確答案。仔細研究〈貓飼料的推薦排行榜〉這類文章所列出的飼料，自然而然就會浮現更多不安。「抗氧化劑果然不好……」「貓咪還是要餵無穀比較好嗎？」

但是，這邊最想對各位說的就是──

「網路排行榜不能盡信！」

坦白說，在網路上備受推崇的貓飼料當中，很多都是獸醫師根本沒聽過的牌子。後面還會再詳加說明，不過連同我在內，許多獸醫師都推薦「希爾斯」與「法國皇家」的飼料。

為什麼實際情況會與網路資訊產生如此大的「差異」呢？實際上，要說這些排行榜是依介紹佣金的高低順序排列的「佣金排行榜」也不誇張。

這邊就以某個「日本貓飼料推薦排行榜」網頁的前幾名為例，括號內是提供給網站經營者的佣金金額，以及獲得佣金的條件。

第1名 A品牌（新加入會員並首購…3960日圓）
第2名 B品牌（新加入會員並首購…3850日圓）
第3名 C品牌（首次購買…3960日圓）
第4名 D品牌（首次購買…3000日圓）
第5名 E品牌（首次購買…3000日圓）
第6名 F品牌（首次購買…1000日圓）
第7名 G品牌（新加入會員並首購…2000日圓）

※品牌名稱均為假名，佣金金額參考網站
https://affitize.com/cat-food-recommend-asp/

第8名　H品牌（新加入會員並購買定期方案…1307日圓）

實際情況就像這樣，佣金與名次成正比。另一方面，許多醫師推薦的希爾斯或法國皇家，在大多數的網站不是排不上名次，就是名次很低。理由很簡單，正是因為這兩個品牌的佣金相當低。想要透過回饋方式賺到希爾斯或法國皇家的佣金，必須張貼亞馬遜或樂天的廣告連結，且佣金僅為售價的5%。也就是說，有人透過連結購買兩千日圓的貓飼料，佣金也僅有一百日圓。賣一包就可以賺四千日圓的品牌，跟只能拿到一百日圓的品牌相比——大家當然都會推薦前者。

當然，我並不否定這種促成交易後可以獲得報酬（聯盟行銷）的做法，但是我認為既然要做「推薦排行榜」，就必須介紹真正對貓咪好的飼料，而非完全從利益出發。

要留意過度的「無穀信仰」

許多排行榜不僅依佣金高低為主，列出的飼料優點中還有不少錯誤資訊。

其中最常見的就是下列三項：

・抗氧化劑（防腐劑）會致癌，很危險
・副產物與粉物都含有劣質原料，很危險
・貓咪是肉食動物，所以必須食用不含穀物的無穀飼料

事實上，這些都是毫無根據的錯誤資訊。

首先是第一項的抗氧化劑。經常看到寫著寵物飼料中的添加物與原料很危險的資訊，事實上日本的寵物食品都必須按照《寵物食品安全法》，選用安全的

添加物並遵守安全的添加量。抗氧化劑的添加量自然也有上限，會控制在動物攝取一輩子都不會影響健康的量。

不如該說，相較於抗氧化劑帶來的危害，我們更應避免餵食氧化的食品。貓飼料會以貓咪必需的能量來源——油脂包覆，使飼料非常容易氧化。因此保存方式不佳、或是長時間暴露在空氣中，就會使飼料的品質愈來愈差，甚至很有可能損害貓咪的健康。所以請務必做好保存管理，並選擇含有抗氧化劑的飼料。

第二項的副產物與粉物也一樣，法律皆訂有安全基準。貓咪食品的原料標示有時會包括雞肉粉、雞副產物等，其中「副產物」指的是肉（主要產物）以外的內臟、皮膚與骨頭等，通常是指「不適合人類食用的部分」。飼料中的粉物

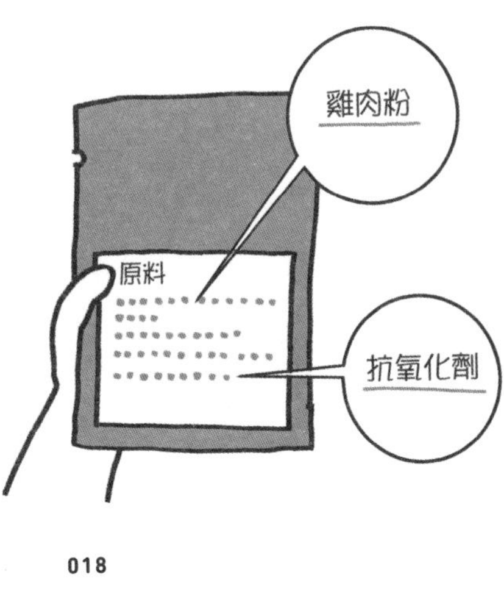

多半是以這些副產物磨成，沒有搞清楚原委就擅自解讀「不適合人類食用的部分」一詞的結果，就會演變成「副產物與粉物曾受過病原體汙染，非常危險」的錯誤資訊四處傳播。

如前所述，貓飼料必須遵守《寵物食品安全法》。舉例來說，裡面就規定寵物食品必須經過適當的加熱處理（熱擠製），更何況，本來就不可以使用受到病原或微生物汙染的原料。此外，農林水產消費安全技術中心（FAMIC）也會定期實地檢查，並將檢查結果公布在網路上。為了避免影響寵物的健康，日本政府制定了許多針對受汙染副產物與粉物的規定與預防機制。

再來是第三項的無穀食品。事實上，現階段沒有任何科學證據顯示這麼做有益貓咪健康。貓咪本來是完全肉食的動物，所以「無法消化穀物」這種說法乍聽有理，可是實際上寵物食品中添加的穀物，都是與水一起加熱煮熟的狀態（就像煮好的飯），因此貓咪完全可以消化。

此外，無穀飼料的原料往往是以更多的肉、魚等蛋白質，用來取代穀物。然而身體分解蛋白質後所產生的多餘物質，必須由腎臟負責排出體外，因此若是讓腎臟功能變差的貓咪吃無穀飼料的話，可能反而會增加牠們腎臟的負擔。當貓咪年紀大了之後，有很高的機率會罹患慢性腎衰竭，所以飼主在為高齡貓選擇食品時必須格外留意。

儘管坊間時常流傳一種說法，那就是「貓咪容易對穀物過敏，所以應該餵食無穀食品」的餵食建議，可是實際上，最容易造成貓咪過敏的食物來源之一就是「牛肉」。不管是肉類還是穀物，貓咪一旦對食物過敏時，都會出現皮膚發癢、持續的腹瀉或嘔吐等症狀；當然，假若貓咪不會對這些食物引發過敏反應的話，這些食物對貓咪來說當然都是無害的。因此只要覺得愛貓「好像對這個食物過敏了」，請務必帶去動物醫院檢查，並接受飲食相關的指導，千萬不要自行下判斷。

獸醫推薦的品牌

那麼，該怎麼選擇真正安心安全，又能夠幫助貓咪維持健康的食品呢？最重要的是下列兩大重點：

1. 是否有長年銷售的實績？
2. 是否以科學根據為基礎？

據說近年犬貓之所以變得長壽，寵物食品的品質提升功不可沒。長年的銷售實績，代表著這家品牌也對寵物的長壽有所貢獻。其中最具代表性的品牌，就是創立於美國的「希爾斯」，以及誕生於法國的「法國皇家」。對現今飼主來說耳熟能詳的這兩個品牌，在寵物食品這一塊已經耕耘超過五十年了。不僅如

此，希爾斯的銷售足跡擴及86個國家，法國皇家則達90個國家。

除了這點外，我認為「是否以科學根據為基礎」也是選購貓咪食品時最重要的關鍵。簡單來說，具備科學根據的意思就是「是否親自做過紮實的研究，並將該成果活用在食品研發上」。而前述兩間品牌都擁有自己的研究室，由獸醫與研究學者等相關領域的專家一起參與研發。

像這樣依照科學研究成果所開發的食品，就稱為「科學食品」，其中最具代表性的就是處方食品，這可以說是融合各種治病相關最新研究數據。舉例來說，科學已經證明希爾斯與法國皇家的處方飼料，能夠幫助慢性腎衰竭的貓咪延長近一年的壽命，換算成人類的壽命大約等於三至四年，可以說是相當大的成果。

近年重視科學根據的思維，已經不再侷限於處方食品，就連健康時餵食的「綜合營養食」（參照26頁）也都開始積極運用科學實證。尤其希爾斯的「SCIENCE DIET PRO活力熟齡」，是以最新科學技術廣泛分析老化造成的身體變化（基因動態），再補足身體需求的營養素搭配而成，可以說是前所未見的寵物食品。要證明特定食品能否延長健康貓咪的壽命，必須耗費龐大的時間與心力，幾乎不可能實現。正因如此，我認為與其選擇毫無根據的所謂「優質食品」，選擇以科學為基礎研發的科學食品比較安心。

但是，希爾斯與法國皇家的商品價格，與其他市售品比起來絕對不算便宜。事實上也曾有飼主問我：「昂貴的飼料，真的品質比較好嗎？」

貓飼料的「品質」其實無法一概而論。例如所謂的優質食品通常價格昂貴，其中還有標榜「人類食用等級」，聲稱使用了人類也有在吃的食材。這類食品耗費在食材的費用高於其他食品，以「食材的品質」來說當然優質。但是這種「食材的品質」於貓咪而言，意義仍有待商榷。

更何況，雜食性的人類與肉食性的貓咪在食性上就有莫大差異，像是腥臭的帶血魚肉就不適合人類食用，對貓咪來說卻具備高度營養價值。既然如此，有必要特別準備人類食用的白肉魚嗎？其中想必也有廠商把錢都花在宣傳跟廣告費上吧。另一方面，希爾斯與法國皇家提供的科學食品，則是在開發時耗費了許多研究費與人事費，也就是說，價格反映出的是「科學的高度品質」。昂貴的食品背後勢必有其投入資金的地方，為貓咪選擇食品時，或許也該思考成本都花在哪裡。

結合乾食與溼食的「乾溼混合」

相信有很多飼主都苦惱著乾食和溼食哪個比較好吧？這邊首先為各位整理兩者個別的優缺點。

乾食的優點是便宜且保存期限長，處理起來比較簡單，據說也比較不容易產生牙垢與牙結石。缺點則是含水量僅約10％，非常的少。家貓的祖先生活在水源極少的沙漠地區，平常會透過老鼠等小動物攝取水分。繼承了如此習性的貓咪，不容易產生「口渴了想喝水」的念頭，因此不太會主動飲水。但是水分攝取量過少會提升膀胱炎、尿路結石與便祕的風險，所以只餵飼料時就得想辦法促進貓咪喝水（參照97頁）。

另一方面，溼食一如其名，含有70～80％以上的水分，最大的優點就是以近似於貓咪原始的飲食型態，讓牠們能夠輕鬆攝取水分。此外溼食也容易帶來飽足感，有助於預防肥胖。因此單純考量貓咪的健康時，溼食應該是比較好的選擇。

但是溼食的鮮度管理與成本卻是一大瓶頸。還沒餵的部分必須以保鮮膜確實封好後放進冰箱，要餵時再稍微加熱……。不僅稍費工夫，貓咪吃剩的當然也

不能直接放著。而且溼食的價格略高於乾食，所以僅餵食溼食的話伙食費也會隨之高漲。

因此這裡建議的是「乾食」與「溼食」都餵的「乾溼混合」。

舉例來說，早餐可以餵食擺上一整天都沒問題的乾飼料，下班回家後再餵食溼食，並在睡前把吃剩的部分處理掉。如此一來，就能夠同時活用乾飼料好處理且放整天都沒問題的特性，又能夠藉由溼食幫助愛貓增加水分攝取量。不僅伙食費不像單餵溼食那麼貴，又可以賦予愛貓高於單餵乾食的飽足感；換句話說，這種方法能夠同時獲取乾食與溼食的優點。

前面提到的希爾斯與法國皇家，就很適合這種「乾溼混合」餵食法，理由有以下兩點。

其中之一是這兩個品牌提供了齊全的「綜合營養食」商品。綜合營養食，是含有所有貓咪生存必需營養素的食品。市面上的溼食（罐頭或點心等）通常是不符合綜合營養食的「一般食品」，要採取「乾溼混合」餵食法的話，就必須選擇綜合營養食的食品。

另一個理由，則是這兩個品牌擁有可互相搭配的乾食與溼食。法國皇家在這一點的表現就相當優秀，以12歲以上的高齡貓專用食品為例，法國皇家就針對這款乾飼料準備了搭配用的溼食。一般來說，高齡貓專用飼料會降低蛋白質與磷的含量，以減輕對腎臟的負擔，但是搭配的溼食含有高蛋白質與磷時，就無法充分發揮飼料的效果。因此依愛貓的生命階段選擇適當的乾溼食組合，就能夠在維持適當營養素攝取的前提下有效增加含水量。

分「四餐」餵食的優點

我家還進一步對「餵食次數」下了工夫。請各位試著想像貓咪在野外狩獵時的飲食型態吧，平均每隻老鼠可提供30大卡的熱量，要滿足貓咪一日所需熱量則需要約10隻老鼠。由此可推測出貓咪一天必須進行10～20次的狩獵，過著少量多餐的生活。

為了更接近貓咪原始的飲食型態，我認為必須像這樣將全日應餵食量分成多餐，只是分成十餐實在是太辛苦了，所以請先以四次以上為目標吧。這種「少量多餐」的餵法對貓咪與飼主來說，有下列這些優點：

1. 可避免空腹造成的嘔吐
2. 貓咪一大早來討食的次數減少
3. 有助於預防肥胖

首先關於第一項的嘔吐。各位是否曾在回家後，發現客廳有帶泡沫的黃色或白色液體狀嘔吐物呢？這很有可能是空腹使貓咪胃酸量增加，胃不舒服所造成的嘔吐。此外，在貓咪空腹的狀態下，一口氣提供大量食物可能會使貓咪吃得很急，結果才剛吃完就吐出來。我也曾苦惱過小喵獨自看家期間嘔吐的問題，但是改成少量多餐的餵食法後，貓咪的空腹期間減少，果然成功改善了空腹造成的嘔吐。

再來是第二項。想必很多飼主在凌晨4、5點時，就會被愛貓挖起來討吃的對吧？其實貓咪嚴格來說不是夜行性動物，而是「晨昏性動物」，在天方魚肚白的昏暗時段最為活躍。因此比飼主早起的牠們，會一副「飯飯還沒準備好嗎～？」的態度催促也是理所當然的。所以我家就藉由自動餵食器，在凌晨4點自動提供食物；讓貓咪吃飽，自然就比較不會來morning call了。不過就算做到這個地步，還是時不時一早被吵醒就是了……（笑）。

增加餵食次數，讓貓咪維持飽足感，還有一個非常大的好處。現代貓咪容易運動量不足，再加上結紮後荷爾蒙受到影響，不管多麼努力都容易發胖。然而肥胖是萬病之源，所以必須謹慎預防才行（參照93頁）。

用自動餵食器提供乾食
（預防一大早討食）

乾食
（上班前親手倒出）

乾食
（自動餵食器）

乾食
（自動餵食器）

溼食
（回家後親手處理）

溼食
（睡前親手處理）

順道一提，目前我家小喵（8歲）在吃的是……
【乾食】希爾斯 SCIENCE DIET〈PRO〉貓用 守護健康 活力熟齡
【溼食】希爾斯 SCIENCE DIET SENIOR 7歲以上 熟齡貓專用 雞肉

想要實踐少量多餐餵食法時，若家中備有一台自動餵食器就會方便許多。這裡就介紹一下我家每天的餵食行程。

請參照30頁的插圖。我家採用的是「乾溼混合」餵法，一天會分成六餐餵食。早餐等白天時段的食物會使用乾食，晚餐則會將溼食分兩餐餵完。由於我白天要上班，所以中間家裡沒人的時候，自動餵食器就非常重要了。

我使用自動餵食器還有另外一個理由，那就是防災策略（參照147頁）。如果發生地震等災害時我剛好人在公司，可能會回不了家。這時儘管貓咪獨自看家，只要事先設定好自動餵食器，就能夠避免完全沒飯吃這種慘劇發生。順帶一提，選擇停電時會改以電池驅動的類型，也能讓飼主更加安心。

所以請各位善加搭配乾溼混合餵食法與自動餵食器，為愛貓打造最符合本能的飲食型態吧！

貓咪以「嗅覺」確認美食，而非味覺

「買了新口味的飼料，沒想到貓咪卻完全不捧場……」相信有很多飼主都有過這樣的經驗吧？人們都說貓咪是挑嘴的「老饕型動物」，難道貓咪的味覺比人類更敏銳嗎？

人類能夠感受到甜味、酸味、苦味、鹹味與鮮味，都是多虧了舌頭表面的味蕾。貓咪與人類一樣擁有味蕾，但其實數量僅人類的十分之一而已，可以說是相當少。

舉例來說，據說貓咪幾乎感受不到甜味。試著想像全肉食性動物——貓咪原本的飲食習慣，或許就能夠理解「對甜味的認知」在貓咪生活中完全派不上用場；再加上據說貓咪也感受不太到鹹味，所以可以看出貓咪的味覺遠比人類遲鈍。

那麼，為什麼貓咪會變成「老饕型動物」呢？

據信對貓咪來說，嗅覺對「美味程度」的影響力更勝於味覺。貓咪的嗅覺受器數量多達人類的十倍以上，嗅覺亦比人類敏銳許多。因此牠們吃膩某種食物時，只要加熱至相當於人類體溫的溫度，使其釋放出更濃的氣味時，貓咪往往就願意吃了。此外，貓咪也是很重視口感的動物，因此選購時也應重視顆粒大小、硬度與形狀等。

儘管如此，貓咪並非完全不在乎滋味，據說牠們對苦味特別敏感。因為有害物質與毒物通常都會苦，想必這正是為了避開危害物質所存在的機能吧。此外曾有實驗透過培養皿模擬了貓咪的鮮味受器，發現貓咪很有可能也可以確實感受到鮮味。

順道一提，近來科學家發現人類有第六味覺，能夠感受到「脂肪味」，這類話題備受討論，而貓咪或許也對這種脂肪味相當敏感。由於貓咪在野生時期的主食就是肉，所以理應相當喜歡脂肪。此外，儘管貓咪感受不到甜味，有些個體卻喜歡吃布丁或冰淇淋（這些食物有礙貓咪健康，請勿餵食喔），說不定吸引牠們的正是奶油與乳製品的脂肪。由此可推測，第六味覺或許也會影響貓咪對食物的喜好。

餵食熟齡貓，須依體質下工夫

我家小喵已經超過8歲，進入了熟齡期。換算成人類大約是50歲，是開始容易生病的年齡。為了幫助小喵健康又長壽，當然必須更重視每天的飲食——儘管我對此心知肚明，但是實務上到底該怎麼幫熟齡貓留意飲食問題，著實令人頭痛。這邊就要介紹貓咪隨著年齡增長會產生的身體變化，一起來探討熟齡貓的飲食注意事項吧。

人類年紀變大後，身體的代謝能力與運動量都會下降，所以就愈來愈容易發胖對吧？貓咪到了10歲左右，也會像人類一樣容易變胖，也就是所謂的「中年發福」，所以這段期間必須格外注意別讓愛貓變胖。視情況也可以考慮改餵低熱量的防肥胖飼料，或是容易帶來飽足感的溼食。

另一方面，貓咪過了14歲後就會從容易發胖的體質，轉換成「容易消瘦的體質」。目前還不清楚為什麼會發生這種現象，總之維持相同的餵食量與熱量

貓咪與人類的年齡換算表

貓咪	人類
1個月	1歲
3個月	5歲
6個月	9歲
9個月	13歲
1年	17歲
1年半	20歲
2年	23歲
3年	28歲
4年	32歲
5年	36歲
6年	40歲
7年	44歲
8年	48歲
9年	52歲
10年	56歲
11年	60歲
12年	64歲
13年	68歲
14年	72歲
15年	76歲
16年	80歲
17年	84歲
18年	88歲
19年	92歲
20年	96歲

結紮（6個月）
要留意肥胖（1年～12年）
特別容易胖（7年～12年）
要留意消瘦（14年～20年）

參考：貓咪與人類的年齡比較
網站「獣医師広報板」

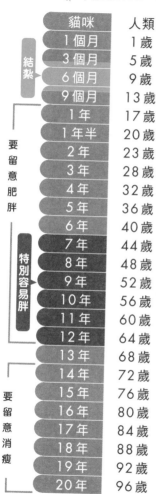

時，貓咪可能會變瘦卻是不爭的事實。此外，貓咪從這個時期開始嗅覺與味覺都會變差，因此有些個體的食量也會減少，甚至可能得視情況換成高熱量食品才行。

步入熟齡期的貓咪體質會像這樣出現劇烈的起伏，由於實際情況因貓而異，所以特別是愛貓進入高齡期後，更應仔細觀察體重與體格等，選擇適當的食物。當然如果是短時間內體重急遽減輕，就可能是愛貓生病了，請立即尋求獸醫的協助。

據說貓咪對口渴的感受會隨著年齡增長而變得遲鈍，因此更不懂得主動喝水。再加上腎臟功能變差，身體的水分會更容易隨著尿液排出。所以高齡貓在這種不太攝取水分，體內的水分又不斷流失的情況下，很容易出現脫水症狀。長期維持脫水狀態會使內臟疾病惡化、體溫調節功能變差，因此建議增加溼食的比例以增進水分攝取量（參照97頁）。

由於高齡貓的嗅覺與味覺通常會變遲鈍，所以餵食的溼食建議加熱至等同於人類體溫的溫度以增加香氣。這種溫度近似剛捕獲小動物的體溫，或許也是受到貓咪喜愛的原因之一，但是要注意避免加熱過度導致愛貓燙傷。

將貓碗調整至方便食用的高度也是一大重點。人類上了年紀後往往會有腰腿疼痛的問題，貓咪也會出現同樣情形。據信大部分的貓咪遲早都會罹患骨關節炎（Osteoarthritis, OA）。而低頭彎腰進食的姿勢會對關節造成負擔，不僅吃起來不方便，還可能伴隨著疼痛。貓咪年紀增長後，食道功能變差，容易在飯後嘔吐。所以加高餐具讓食道保持暢通、不要彎折，有助於預防飯後的嘔吐。

事實上也有許多飼主表示：「餐具加高後，貓咪就願意吃飯了。」「嘔吐次數減少了。」我家也在換成高腳碗之後，成功改善了飯後嘔吐的問題。只要添購較高的餐具或是在餐具下墊個箱子即可，所以請各位請務必嘗試。

自行餵食處方食品的危險性

貓咪隨著年歲增長，也會因為身體機能衰退而開始生病，這時用來輔助治療的搭配飲食就是「處方食品」。像尿路結石、便祕或慢性腎衰竭等，通常都會搭配特殊的處方食品。

各位飼主在這裡務必理解一件事，那就是──絕對不可以自行判斷處方飼料的餵食，請一定要在獸醫指導下提供。或許會有人認為：「不過就是貓飼料，這樣講太誇張了吧？」但是如前所述，處方食品是依據最新科學所打造的「科學食品」，不是普通的食品，可以說是擁有與藥物相等的治療效果。

人類的食品中也有不少標榜有益健康的食品，但多半只是「內含成分有某某效果，肯定有助於改善○○病」而已。

寵物的處方食品卻不僅止於如此。舉例來說，適度的處方食品能夠幫助慢性腎衰竭的貓咪延長壽命，或是溶解某種尿路結石。我家小喵也有過數次嚴重便祕，不得不依靠處方食品的力量，結果通常餵食一兩天就順利排便了。

人類沒有幫助腎衰竭患者延長壽命、溶解結石的飲食，因此要說處方食品是寵物界的「藥物」也不誇張，從醫學角度來說也相當重要。

寵物的處方食品能夠發展至這個程度，原因之一就在於能輕易展開研究。以人類為對象的研究限制相當多，很難輕易做出嘗試。當然考量到動物福祉，處方食品在研究時原則上不會做出折磨動物的實驗，但是門檻低於人類仍是不爭的事實。

寵物飼料開發公司長年實施這些研究，蒐集了龐大的科學數據，並依此開發在疾病治療方面具有高度效果的寵物食品。此外，寵物能夠長時間只餵食特定食品，輕易做好徹底的飲食管理，也是處方飼料能夠發揮優秀治療效果的理由之一。

但是從另一個角度來看，在食品效果這麼高的情況下，飼主自行判斷是否餵食的話，會帶來風險之大也是可想而知。

舉例來說，原本餵食便祕專用的處方飼料，卻誤拿了名稱相似但是「會使糞便變硬」的飼料，就會導致便祕惡化。甚至也會發生自行決定要餵食能夠溶解尿路結石的處方食品，結果卻導致了其他種類的尿路結石……。多貓家庭也會遇到其他貓咪偷吃，結果身體出狀況的問題。正因處方食品的效果很高，錯誤的餵食方法就會更輕易地影響寵物的身體狀況。

有些飼主則會考量到網路售價低於動物醫院，所以就自行購買。但是動物醫院的售價其實包含了許多售後服務，包括仔細說明處方食品餵食方法的獸醫專業知識、勞力、治療過程中貓咪不願意食用時的建議、確認處方食品是否確實發揮效果的後續追蹤等。

在與熟悉的獸醫確實交流下，我並不反對透過網路購買，但可不能因為不好意思讓獸醫知道自己在其他地方買而私底下偷偷餵食。有時候可能是獸醫這邊說明不足的問題，總之請閱讀本書的各位務必理解，效果這麼好的處方食品同時也是一把雙刃劍。

手作鮮食？請等一下！

寵物食品就像這樣持續進化，對現代寵物的壽命延長做出莫大的貢獻，而現在幾乎所有貓咪都是靠飼料過活。

同時也有飼主認為「每天都吃一樣的飼料太無趣了」、「貓咪不太喜歡吃市售的飼料」而考慮挑戰手作鮮食。確實親手打造鮮食的話，能夠讓每天的飲食內容更豐富，還能夠使用愛貓喜歡的食材，相信貓咪會吃得更加開心吧。從飼主的角度來看，這麼做能具體表現出「充滿愛的心意」，所以會躍躍欲試吧？

這裡很抱歉要對如此溫暖的心意潑冷水，但是其實手作鮮食有個很大的問題——那就是非常難像綜合營養食品一樣，符合貓咪生存所必需的營養標準。

美國有科學家研究了94道專為貓咪打造的手作鮮食食譜，結果發現沒有一項完全符合美國學術研究會議所制定的營養基準，其中甚至有不少食譜是由獸醫監修。由此可知，要打造媲美綜合營養食品的手作鮮食是極其困難的。

此外，人類的食物中有許多貓咪不能吃的東西，像洋蔥、大蒜、酪梨、青魚、烏賊、章魚、貝類等都有可能危害貓咪健康，有些超過攝取量還會中毒。生肉中則含有沙門氏菌、李斯特菌、弓漿蟲等會危害飼主的病原菌（參照69～70頁的表格）。

真的很想親手為愛貓打造鮮食時，請務必先正確理解貓咪的必需營養素、不可餵食的食物等再行挑戰。手作鮮食也請當成配菜或點心餵食即可，主食還是選擇屬於綜合營養食的貓飼料比較保險。

零食未必不好

各位是否會餵愛貓吃零食呢？我家小喵就最喜歡小包裝的「CIAO啾嚕肉泥」（INABA），每次一打開零食櫃，小喵就會甩著小肚肚跑過來。

提到零食，就會想到餵太多會造成發胖，對健康好像也不太好，讓許多飼主在餵食的時候總不由自主感到不安對吧？確實零食對貓咪來說並非必需品，但是善加運用卻可以增進與愛貓的感情，其實對健康也會有正面影響。

市面上有非常多種貓用零食，想必各位也很苦惱不知道該怎麼挑選吧？個人最推薦的就是膏狀零食。因為膏狀零食中有許多深受貓咪喜愛，

平均1天的適當零食熱量

[體重（kg）× 30＋70] kcal × 0.05

（1日必需攝取的熱量）

（例）4kg的貓咪

[4kg × 30＋70] kcal × 0.05 = 9.5kcal

熱量卻相對低。以啾嚕肉泥的鮪魚口味來說，每條熱量約7大卡。換算成人類的食物，相當於3～4片洋芋片而已，因此一天只餵一條的話，其實很難導致發胖。

此外，膏狀零食也有助於增加水分攝取。當然各位要直接餵也可以，但是我家會用溫水溶開肉泥，打造出「NYANTOS特製啾嚕肉泥湯」。如此一來，就能夠幫助不太喝水的貓咪以極佳效率攝取水分，有助於預防尿路結石、膀胱炎與中暑等問題。

乾食型的零食每公克所含熱量較高，難免令人擔心，但是這部分或許可挑選具潔牙效果的類型（參照97頁）。

但不管是什麼樣的零食，都要避免過度餵食。無論零食本身的熱量多麼低，一天餵食大量的話也會造成肥胖，最重要的是愛貓因此不吃正餐的話也很令人困擾。

貓咪對食物好惡分明時，往往會陷入平常吃很多零食而不肯吃正餐，可是卻因此獲得零食，結果變得更加不願意吃正餐的惡性循環。如此一來當貓咪生病時，就會不願意吃處方食品，無法接受最適當的治療。

只要零食控制在一天必需攝取熱量的5%左右，就沒有什麼問題，所以請各位參考右頁的公式吧。

另外要注意的，就是千萬不可以把人類吃的食物當成零食餵給貓咪。人類的食品通常脂肪含量高，即使只是少量所帶來的熱量，對嬌小的貓咪來說就多得超乎想像。舉例來說，僅一小角的起司，對貓咪來說就等同於人類一口氣吃下三顆半的漢堡，所以自然會造成肥胖。

想要完美發揮零食的功效，關鍵就在於「獎勵」。乖乖讓人剪趾甲、在正確的位置磨爪子、在動物醫院時表現得很好……，只要是想稱讚愛貓的時候，就把零食當成獎勵吧。實際上也有研究數據顯示，用零食當獎勵的情況下，貓咪也有較高的機率願意在適當的位置磨爪子。至於我家小喵很怕寂寞，所以我家習慣在牠努力看家後餵食。

只要決定好明確的獎勵理由與目的，就可以預防過度餵食零食，而愛貓開心吃零食的模樣對飼主來說也非常療癒。因此只要懂得靈活運用零食，餵零食就絕對不是什麼壞事。

注意保健食品的過度攝取與誤食！

近年來，貓咪養生的領域愈來愈受到大眾重視，市面上也開始出現許多貓咪專用的保健食品。我並不反對餵食這類保健食品，但若是對產品效果抱持過度的期待也不好。

日本有間公司的負責人就因為銷售宣稱「可有效對抗狗狗癌症」的保健食品而於二〇一九年遭逮捕。保健食品不屬於醫藥品，不能期待其可對特定疾病具有療效，因此宣稱「可有效對抗〇〇」是違法的，然而市面上卻仍有許多誇大的保健食品。因此保健食品最大的問題在於誤信這些廣告，會導致愛貓無法獲得適當的治療。所以請各位理解保健食品僅具輔助功能，大部分都無法保證一定見效。

目前市售的保健食品中，有不少含有DHA、EPA等ω-3脂肪酸與乳酸菌等，DHA與EPA是具有抗炎症作用的脂肪酸，可望對關節炎、皮膚炎、肥胖與腎衰竭等形形色色的疾病產生效果。

但是這裡要特別注意的，就是每種保健食品的DHA與EPA含量各異，然而我們卻還不了解適合貓咪的攝取量。

乳酸菌方面則是效果尚未獲得充足的證明。根據最近東京大學的研究，貓咪腸內好菌與狗狗有極大的差異，因此推測要保持貓咪腸內環境良好，或許會需要「貓咪專屬的乳酸菌」，所以其實與貓咪乳酸菌有關的領域還有相當多的謎題。儘管如此，市面上仍有不少根據獸醫經驗判斷有效的保健食品，也會搭配治療開立處方。即使如此，保健食品在定位上仍是「輔助治療」，而非有高度療效。

另一方面，餵錯保健食品也有可能產生負面效果。舉例來說，貓咪過度攝取脂溶性維生素（維生素A、D、K、E）的話，有可能對健康造成危害。事實上綜合營養食品中就含有充足的維持健康所需維生素，所以只要每天確實進食就不需要另外補充維生素。

此外人類的保健食品對貓咪來說也可能是劇毒。例如α-硫辛酸（Alpha-Lipoic Acid）據稱有抗老化與消除疲勞等效果，但是對貓咪來說卻可能破壞肝臟細胞，嚴重者甚至可能致死。最糟糕的是貓咪似乎很喜歡α-硫辛酸，所以也有可能偷吃。僅只一錠的α-硫辛酸就有中毒的危險性，所以請務必收在貓咪碰不到的門櫃等。

我能夠明白每位飼主都想多少為愛貓的健康盡點心力的心情，可是無論是誰都能夠輕易進口、販售的保健食品當中，還有太多尚搞不清楚效果的商品。如果各位想用保健食品加強自家愛貓治療的療效時，還請務必先與獸醫討論過後再決定是否適用。

插畫家OKIEIKO的

請告訴我！NYANTOS醫師 之1

NYANTOS醫師是如何邂逅小喵的呢？

原本是想兩隻一起接手的……？

OKIEIKO（以下簡稱O） 我家從收容所迎來魴仔魚，即將滿一年了。魴仔魚每天都好可愛，讓我也變成不折不扣的「貓奴」了（笑）。NYANTOS醫師與小喵相遇時是什麼樣的情境呢？

NYANTOS（以下簡稱NY） 我剛成為獸醫系學生時，有前輩寄信詢問大家：「有兩隻小貓被棄養在學校，有人願意收養嗎？」在這之前我老家是有養狗，但是沒有養過貓咪的經驗。

O 難道有人完全沒養過貓狗就當上獸醫的嗎？

NY 有啊有啊（笑）。應該有人只養過倉鼠吧？我當時雖然也打算藉這個機會成為更理解飼主的獸醫，不過其實早就一直想體驗與貓咪的生活了，因此順勢自願接手。

O 靠的是衝動嗎？

NY 正是衝動（笑），雖然我都提醒別人「寵物是不可以靠衝動飼養的」。而且當時我其實打算兩隻都養，但是前輩對於我沒養過貓咪這點很是擔心，因此要求我選一隻。

O 原來對方不願意讓你一次養兩隻啊。

NY 是啊，畢竟當時的我不夠值得信賴（笑）。由於兩隻都是褐色虎斑，花紋也一模一樣，所以我就決定養大的那隻，也就是現在的小喵。

O 沒想到關鍵竟然是「大的那隻」，真可愛的選法。

NY 當時我缺乏貓咪相關知識，只是直覺認為「大的應該比較強壯」而已。

為了餵奶而日日狂奔

O 那時候的小喵多大呢？

NY 才兩週齡而已，所以每天都必須餵好幾次奶。

O 責任真是重大。

NY 沒錯。我剛接手時才驚覺原來照顧貓咪這麼辛苦……。每天都得趁打工的休息時間衝回家餵奶，結果一小時的休息時間裡來回路程就占了四十分鐘，必須在剩下的二十分鐘內完成餵奶的任務才行（笑）。雖然自己得放棄午餐，但是「既然養了就必須負起責任」的想法讓我決定努力下去，更何況需要餵奶的時期其實不長。

O 展開與小喵的生活後，對貓咪的印象是否有變化呢？

NY 這讓我發現，貓咪比我以為的還要撒嬌怕寂寞。

O 我養了魩仔魚之後也產生了這樣的想法。順道一提，您有想過要養第二隻嗎？

NY 我獸醫系的朋友們在小喵年紀小時就非常疼牠，因此養成小喵非常親人的個性，但對象是貓咪時卻極度怕生。光是在動物醫院遇到其他貓咪，就會嚇得瘋狂掙扎。要是其他貓咪對小喵造成壓力的話，小喵就太可憐了，所以我目前打算養一隻就好了。不過哪天獨立開業並步上軌道後，會想要藉這個機會收養無家可歸的貓咪們。我現在就朝著如此目標努力著。

O 那就祝福NYANTOS醫師的夢想能夠實現！

第2章

健康長壽的注意事項

光是外出，就足以縮短三年壽命

本章要介紹的內容，是我個人為了盡可能延長愛貓小喵的壽命，每天會注意的事情與健康管理的訣竅。

希望愛貓長壽時最重要的就是「絕對別讓貓咪踏出家門」。根據一般社團法人寵物食品協會的調查，完全養在室內的貓咪平均壽命是15．95歲，然而放養型的貓咪平均壽命卻只有13．2歲。即使平常都養在家中，只要會讓愛貓自行踏出門外，就會使平均壽命縮短將近3歲。流浪貓的壽命更是短促，據說通常只活2至5年而已。

為什麼貓咪外出會導致短命呢？

遭逢意外與迷路等原因都是可想而知的，但是最可怕的其實是「傳染病」。因為貓咪世界中還有許多致命的病毒正在蔓延。

舉例來說，貓白血病病毒就會引發各式各樣的疾病，包括淋巴瘤、白血病等血液相關癌症，或是引發貧血或免疫異常，進而造成口內炎等。此外貓泛白血球減少症病毒（Feline Panleukopenia Virus, FPV，俗稱貓瘟）更是種傳染性極強的病毒，尤其幼貓會出現劇烈嘔吐或腹瀉等症狀，且有高達八成的死亡率。成貓同樣會染上這種疾病，且同樣可能致死。此外與其他貓咪打架或交配，也會提高感染貓免疫不全病毒（Feline immunodeficiency virus, FIV）的風險進而導致貓愛滋。

許多比人類新冠肺炎還要可怕的病毒，經常在貓咪的世界裡大流行，各位真的想讓愛貓身處如此險境嗎？

此外很多人會表示：「只是去陽台或露台走走沒關係吧？」但是請打消這個念頭吧。近年有愈來愈多「貓咪高樓症

候群」（Cat High-Rise Syndrome）的案例發生，也就是貓咪從二樓以上的高度跳下而受傷的情況，目前仍不太確定貓咪為什麼要跳下來，但是就算只有兩層樓高也有死亡案例，並非只有高樓層才要預防，因此請各位謹慎為上。

儘管如此，仍有人會認為「剝奪貓咪自由，將貓咪關在家中太可憐了」，但是其實貓咪本來就不需要太寬敞的生活空間，牠們比較喜歡在安全的地盤內悠閒度日。像我家小喵就常常整天都睡在相同的場所，根本不怎麼活動（笑）。只要貓咪完全沒出過門，就不會在戶外建立起地盤，當然能夠毫無壓力地待在家中。這時再透過貓跳台打造高低差、安排適度的藏身處與磨爪處，藉此整頓出符合貓咪需求的舒適室內環境，就能夠為愛貓帶來毫無壓力的幸福生活（環境配置相關請參照第三章）。

但是如果貓咪本身已經習慣在戶外活動的自由，就很難適應整天關在家中的生活，會整天吵著要出門或是趁隙脫逃。雖說要將這類貓咪完全養在室內不是一件簡單的事情，但是仍請飼主或愛爸愛媽們咬牙忍耐，切記不管愛貓多麼想出去都不可以放行。此外有些貓咪想外出的原因，是不習慣與人類待在相同空間，因此暫時將其養在籠中也是應對方法之一。平常則可試著將籠子擺在客廳等人來人往的空間，以訓練貓咪逐漸習慣在室內與人類共處。

同時也請為愛貓整頓出滿足本能的室內環境。有些人甚至趁搬家等可以從零開始配置環境的機會，幫助貓咪適應了完全室內飼養的生活，各位不妨把握這類機會。

此外也請務必為愛貓結紮。尤其是公貓會在鄰近有發情期的母貓時受到影響，而試圖外出追求母貓，因此透過結紮控制荷爾蒙平衡是非常重要的。

在訓練愛貓完全待在室內的過程中，難免會覺得精疲力盡，但是只要飼主能夠想清楚這是為了愛貓性命與健康，藉此咬牙撐下去的話，大多數貓咪終究都會習慣室內飼養的。

預防傳染病，兼顧疫苗風險與施打頻率

但是也並非將貓咪養在室內，就能夠完全避免病毒的威脅。世界上有數種病毒缺乏宿主仍可生存，只要附著在飼主的衣服或鞋子就能夠輕易入侵室內了。也就是說，即使完全飼養在室內，感染病毒的風險仍非完全歸零。其中像是貓泛白血球減少症病毒、貓卡里西病毒（Feline calicivirus, FCV）與貓皰疹病毒（Feline herspesvirous-1, FHV-1）在無宿主的情況下生命仍舊強韌，因此必須讓貓咪接種「三合一疫苗」（core vaccines）。

疫苗可以保護愛貓不受病毒侵擾，但也並非完全沒有缺點。部分貓咪打完疫苗後會產生副作用，像我家小喵就曾經遇過一次，剛開始全身顫抖個不停，臉部也在肉眼可判斷的情況下慢慢腫起。幸好立刻注射了抑制副作用的藥物，才沒有釀成嚴重事態。這類風險當然是愈少愈好，所以一般會建議「盡量在上午

施打疫苗」，就是為了在有狀況時能夠立即就診。

此外雖然案例稀少，但是有些貓咪接種疫苗的部位會發生名為「注射部位肉瘤」的癌症。近年甚至有研究顯示，每年接種疫苗也是引發慢性腎衰竭的危險因子之一。

所以現在愈來愈多人選擇依愛貓情況，精準判斷各種傳染病的風險，避免接種超出需求的疫苗，而非當成每年慣例接種。

WSAVA（世界小動物獸醫協會）的犬貓疫苗注射指南中提到，單貓飼養且從未待過寵物旅館的貓咪，因為遭傳染的機率相當低，所以三年接種一次三合一疫苗即可。我家小喵也符合這個標準，因此也是每三年接種一次。

但是多貓家庭、放養型或是會去住寵物旅館的貓咪，遭感染的風險就提高許多。尤其貓皰疹病毒只要感染一次，就會終身成為帶原者。因此多貓家庭中只要有貓皰疹病毒的帶原貓咪，就可能透過餐具或排泄物等傳染給其他貓咪，必須特別留意才行。像這樣家中有傳染風險的情況下，就必須找平常往來的獸醫詳加諮詢後再決定接種的頻率與適合的疫苗種類。

除此之外，生活在室內的貓咪不只有被病毒感染的潛在風險，像是犬心絲蟲（Dirofilaria immitis）等寄生蟲就會透過蚊子傳播。聽到犬心絲蟲這個名稱，多半會認為是狗狗特有的疾病，但是近來已經發現犬心絲蟲是造成貓咪猝死的原因之一。根據碩騰（藥廠品牌）的調查，感染犬心絲蟲的貓咪中有四成都養在室內，且全日本從北海道至沖繩都有貓咪感染的案例。

貓咪罹患犬心絲蟲後不管是診斷還是治療都很困難，所以預防才是最重要的關鍵。犬心絲蟲的藥物分成直接滴在皮膚上的滴劑以及服用的類型，請依醫師的建議為愛貓做選擇吧。

源源不絕的誤食意外，先排除這些危險因子！

儘管室內生活比室外世界更加安心，但是家中其實還是有許多威脅貓咪生命的因素，尤其因「誤食」而殞命的案例更是不在少數。

貓咪最常誤食的就是「線繩」，包括玩具上的繩子、鞋帶、裝飾品的緞帶、

裁縫用的線等，這類線繩之所以危險，是因為會受到腸道蠕動拉扯，變得像拉緊帽T或褲頭鬆緊帶一樣糾結在一起。如此一來，腸道就會因為血流遭到阻礙而壞死或是遭堵塞，最終陷入危及性命的狀態。

此外有時會發生細長線勾住舌根，並一路延伸至胃部、腸道，嚴重時可能會通至肛門。結果要從口腔或肛門取出線的時候，卻因為拉扯而造成腸道裂開，所以發現這個狀

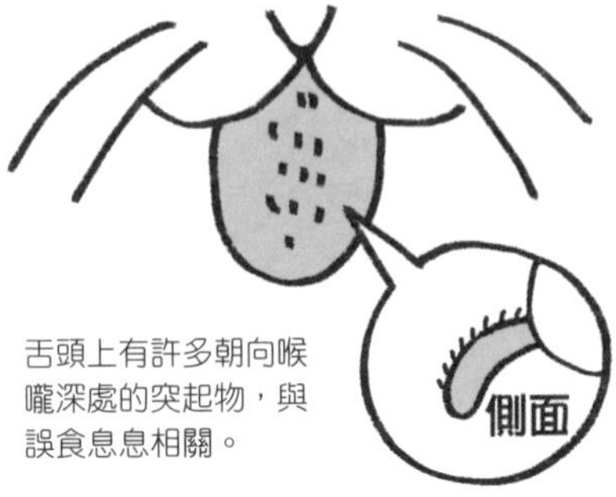

舌頭上有許多朝向喉嚨深處的突起物，與誤食息息相關。

況時應立即帶到動物醫院，千萬不能自行處置。

「穿在針上的線」不用說，大家都知道很危險。有時忘記把縫紉用的線收好，貓咪在玩線的時候就可能不小心連針帶線吞下去，結果從喉嚨刺往眼睛後方，像這樣的案例我就遇過兩起。幸虧當時沒有刺到眼球或較大的血管，所以沒有釀成嚴重事態，但是這卻是只要稍有差錯就會造成失明的極危險狀態。

為什麼貓咪會吞下線繩呢？其實這也不是貓咪願意的，只是牠們的舌頭相當粗糙，仔細觀察上面的突起物，會發現是朝著喉嚨深處生長。突起物勾到線繩時，愈是擺動舌頭線繩就會愈往喉嚨移動，讓貓咪不受控地吞下肚子。貓咪很喜歡玩線繩，很多案例都是飼主忘記收拾的時候，獨自玩著玩著就不小心吞進肚子裡。因此線繩類的物品都請收在貓咪碰不到的地方，不需要的就應馬上丟掉。

除了線繩之外，寵物用品店或五金行等常見的「老鼠造型玩具」其實也很危險，各位或許無法相信，但是其實貓咪能夠輕易吞下4、5公分的玩具。畢竟貓咪本來就會完整吞下老鼠等小動物，看見仿效這類動物的玩具後吞下肚也是理所當然的。由於玩具無法消化，所以必須開刀才能夠取出。貓咪誤食這類異物的案例實在太多，導致獸醫之間也出現了「希望停止販售」的聲音。各位家中若有這樣的物品，這邊的建議是儘早處理掉。

最後要提醒各位，貓咪待的房間建議不要鋪設「巧拼地墊」。尤其是租屋的家庭，為了防止地板損傷或腳步聲等噪音，不少人會選擇鋪設巧拼地墊。但是顯然貓咪就是抵抗不了這種柔軟的口感（？），所以在玩耍途中不小心吞進肚子的案例相當多。這種具有彈性的材質特別容易塞住腸道，甚至必須開刀才能夠取出，最嚴重的情況甚至還會導致死亡。一旦發現家中巧拼地墊已經破破爛爛時，就請考慮撤除吧。

百合超毒！拒絕植物入家門乃最佳對策

植物也是必須特別留意的要素之一。據說有七百種以上的植物對貓咪來說有「毒」，據信這是因為貓咪作為肉食動物的進化過程中，逐漸失去了肝臟中葡糖醛酸（Glucuronic acid）結合有害物質後排出身體的功能。其中尤以百合科植物的毒素特別劇烈，只要貓咪稍微咬到葉片或花瓣、或是喝到花瓶中的水，轉眼就會喪命。百合科中有許多植物都深入大家的生活，包括麝香百合、卷丹百合、鬱金香、風信子與香水百合等。目前並無有效的療法能夠應付百合造成的中毒，除了請各位飼主多加留意外別無他法，這也是不可否認的事實。

有些人會問既然如此該種哪些植物才安全呢？但是其實現在並無嚴謹的證據，能夠確認植物各擁有哪種程度的毒性，所以我家徹底遵守了「不裝飾、不帶入」任何植物與花卉，此外也應避開以植物萃取出的香氛油或精油。

貓咪的肝臟少了一個解毒功能，也對藥物的代謝造成極大影響。即使是人類與狗狗能夠安心使用的藥物與用量，對貓咪來說是劇毒的情況也屢見不鮮。所以除了不能自行給與藥物外，也必須將藥物收在貓咪碰不到的門櫃。

談到這些話題時，會有人如此表示：「我家的孩子目前沒有異狀，所以不用擔心。」但是貓咪是會突然對某物產生興趣，且行為無法預測的動物。世界上有許多折磨貓咪的不治之症，其中誤食與中毒是飼主多加留意就可以預防的，所以為了避免因為知識不足或粗心造成愛貓殞命，請各位仔細確認家中的所有物品。

香菸、含香料清潔劑與除菌噴霧，同樣損及健康

人類日常中有許多對貓咪有害的物品，「香菸」是極具代表性的一種。人類方面已知吸菸者容易罹患肺癌等多種癌症，日本國立癌症研究中心曾提出「最佳防癌法就是不要吸菸」的警告，由此可看出香菸對健康造成了多大的影響。

如此有害的香菸對貓咪的影響同樣不少，研究指出吸菸者飼養的貓咪，罹患血液方面癌症「惡性淋巴瘤」的機率最大會提升到4．1倍。雖說有些人會信心滿滿表示「我吸菸都在外面，不在家中吸就沒問題了！」但是真的只要「不在室內吸菸就沒問題」了嗎？

近來已經確認即使現場無人吸菸，人類與動物仍會吸入環境中殘留的化學物質，這種「三手菸」（third-hand smoke）的危險性已逐漸明朗。德國最新研究顯示，吸菸者的衣服與身體會攜帶香菸化學

物質，因此即使是禁菸的電影院也依然有濃度等同10根香菸的有害物質。

也就是說，即使完全不在家中吸菸，吸菸者的衣服與身體仍很有可能將這些物質帶進家中。有害物質沾到貓咪的被毛或身體時，就會透過理毛吃進有害物質。所以吸菸者所飼養的貓咪罹患口腔癌（扁平上皮細胞癌）、腸道淋巴癌（消化系統的淋巴癌）風險較高，和吃進有害物質恐怕脫不了關係。

另外有個值得玩味的資訊，那就是某研究發現固定洗澡的貓咪，罹患口腔癌（扁平上皮細胞癌）的機率可降至十分之一。目前推測是因為定期洗澡能夠沖掉被毛沾到的致癌物質，減少致癌物質透過理毛等進入貓咪口腔握體內的機率。但是很多貓咪都討厭洗澡對吧？事實上洗澡會使貓咪的壓力指標——血糖值與乳酸值大幅提升，因此無論防癌效果多麼好，要是因此造成壓力的話就本末倒置了。目前尚無嚴謹的證據可證實洗澡的效果，但是理解資訊背後的原因後，定期用溼毛巾等擦拭愛貓身體以保清潔，或許也有助於防癌。

近來認為「香味明顯的柔軟精」與「除臭殺菌噴霧」對貓咪也相當危險，想必各位讀者中也有人聞到清潔劑或柔軟精的香味，就會頭痛或是反胃等吧？

這些產品會危害寵物健康的報告，出現於二〇一九年的獸醫專刊。日本將化學製香料對健康造成的損害稱為「香害」，顯然這問題也會出現在貓咪身上。

該專刊提出了兩個病例，發現貓咪在家中開始使用濃香型柔軟劑後，開始變得沒有精神、食慾變差、流口水、肝功能損害或低下等，其中一例更是嚴重到陷入昏迷，幸好後來透過適當的治療並停用柔軟劑後，成功改善了症狀。

除臭殺菌噴霧方面尚無與貓咪有關的報告，但是狗狗方面似乎有案例因為頻繁使用除臭噴霧而造成持續流淚、分泌眼屎與呼吸困難等症狀，停用噴霧後似乎改善了。所以請各位避免在體型嬌小的寵物身邊噴一堆有的沒有的。

另外也有兩例病例與除霉或去除黏膩感的「氯型清潔劑」有關，兩者都是飼主用氯型清潔劑打掃浴室時，貓咪靠太近看造成的，其中一例因為呼吸困難而住院，另外一例似乎在發病後十天左右身亡。所以各位在使用清潔劑時，請務必盡最大能力做好換氣，並且防止愛貓靠近。

應注意的常見誤食項目

（**粗字**要特別留意）

生活用品

☆ **所有線繩類（鞋帶、塑膠繩、包裝用緞帶、毛線等）**
☆ **髮圈、橡皮筋**
☆ **裁縫用品（針線等）**
☆ **釣魚線、針**
☆ **塑膠類（購物袋、垃圾袋、保鮮膜、用完的醬料袋等）**
☆ **巧拼地墊、海綿製品**
☆ **人類的藥物、保健食品**
☆ **毛巾或衣服等布製品**
　※有羊毛吸吮癖（參照P.209）的貓咪要特別留意
☆ **含有止痛藥的貼布**
☆ 耳環等飾品
☆ 衛生紙、溼紙巾
☆ 保冷劑（雖然近來比較少見，但是使用乙二醇的保冷劑具有毒性）
☆ 硬幣（貓咪吞下硬幣的案例相當罕見，但也並非完全沒有。並有文獻表示硬幣特別容易引發腸堵塞）

所有植物

☆ **百合科（麝香百合、卷丹百合、鬱金香、風信子與香水百合等）植物是絕對不行**
☆ **茄科（茄子、番茄等，且葉子與莖比果實更危險）**
☆ **酪梨（葉子與莖很危險，果實也要留意）**
☆ **其他還有超過700種植物對貓咪是有毒的**
※目前尚未解開所有植物的毒性，所以基本上「完全不要把植物帶進家中」才是最保險的作法

玩具類

☆ **老鼠造型的玩具**
☆ **有綁繩的類型**
※其他尺寸容易吞下的物品也要小心，其中尤以橡膠製品引發腸堵塞的機率特別高，更應加以留意

可能危害貓咪健康的主要項目

（粗字要特別留意）

人類的食品

基本上
人類的食品
都不應餵食！

嚴禁吃進肚子裡

☆ **洋蔥／大蒜／韭菜／蔥／鮑魚／巧克力／含咖啡因飲料**

☆ **生肉**

→人類也會感染弓漿蟲，相當危險
尤其是家裡有孕婦、幼童與年長者時更應特別留意

→水煮雞胸肉等煮熟的肉就沒問題

☆ **帶骨肉／酒精／酪梨**

嚴禁過度食用

☆ 生魷魚／章魚／青魚、鮪魚／肝臟

☆ 水果（含糖太高，且無花果等水果對貓咪來說有毒）

☆ 蔬菜（難以消化）／狗飼料（必需胺基酸不同）

必須留意

☆ 牛奶

對狗狗來說很危險，對貓咪的效果則尚未解開

☆ 堅果／葡萄、葡萄乾／木糖醇

生活用品

危害健康風險很高

☆ **香菸／含香料的洗衣精、柔軟精／除臭殺菌噴霧／殺蟲劑／香氛油／精油**

可能有危險，所以應盡量避開

☆ 線香等

健康檢查「半年一次」，等於人類兩年一次

各位是否會帶愛貓去做健康檢查呢？雖然知道要做健康檢查比較好，但是實際上要顧慮的事情很多，包括「多久去一次好？」「該接受哪些檢查比較好？」結果想著想著就遲遲沒有執行了對吧？

貓咪具有藏匿疾病的本能，所以飼主很難發現愛貓身體不適的徵兆。即使注意到了，像慢性腎衰竭與癌症等剛開始沒有症狀的疾病，往往在發現症狀時已經束手無策。所以透過健康診斷及早發現及早治療，才能夠真正幫助愛貓活得更久。

那麼該從愛貓幾歲開始帶去做健康檢查呢？多久去一次比較好呢？

首先像慢性腎衰竭與癌症等各式疾病風險，會在7、8歲開始大幅提升，因此建議半年做一次健康檢查。「有必要這麼頻繁嗎？」或許會有人這麼想，但

是其實這等同於人類兩年檢查的頻率。很多職場或學校都是每年健康檢查對吧？從這個角度來看，讓貓咪半年檢查一次絕對不算頻繁。此外，像尿液檢查這種貓咪不必到醫院也能進行的簡易檢查，就建議稍微提高次數，每年進行3〜4次比較安心。

另一方面，年輕健康的貓咪不見得就不需要健康檢查。確實很多疾病都是有一定的年紀後比較容易驗出，但是其實年輕貓咪會罹患的疾病也相當多。例如尿路結石在貓咪不到3歲時就有機會發作，有時也可能罹患致命的急性腎衰竭。所以必須透過尿液檢查與超音波檢查等，確認愛貓是否為容易產生尿結石的體質？是否已經有尿結石了？此外建議即使貓咪還年輕，一年仍應至少做一次健康檢查。

那麼具體來說該做哪些檢查呢？這邊就以我家小喵為例做詳細的介紹吧。

小喵的例行健康檢查項目

我家小喵現在8歲，每半年會做一次的健康檢查項目是「一般身體檢查」、「血液檢查」、「尿液檢查」、「X光檢查」與「腹部超音波檢查」。接受這些檢查之前必須禁食約8～12個小時，讓貓咪保持空腹，否則可能會影響血液檢查的結果，但是喝水是沒問題的。真的沒辦法禁食的時候，請在檢查前提出，與往來的醫師討論吧。此外有需要準備尿液或糞便時，我也會在家中處理好（採尿請參照106頁）。

此外，有些醫院的健康檢查需要事前預約，請各位依規定行事吧。

預定檢查的當天到達醫院後，第一步就是先確認身體是否發燙、心臟與呼吸的聲音&數值是否有異、淋巴結是否腫起以及口腔狀況等。血液檢查則是用來檢查體內是否出現異常時非常有效的作法。

貓咪有非常多尿液相關的疾病，因此尿液檢查可以說是必備的。透過尿液能夠取得的資訊相當多，包括尿液中是否混有肉眼看不見的血液？是否含有過量蛋白質？尿液酸鹼值是否正常（可判斷是否容易產生尿液結石）？是否有可能引發結石的結晶？

X光檢查則有助於大概確認器官尺寸與位置是否有異，舉例來說，心臟陰影偏大時就有罹患心臟相關疾病的風險，建議做進一步的檢查。另外也可以判斷肺部是否有異狀，以及腎臟&膀胱內是否有結石。

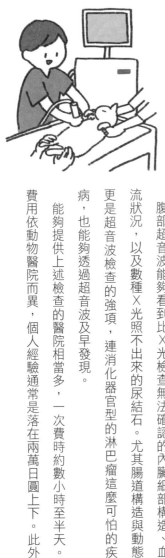

腹部超音波能夠看到比X光檢查無法確認的內臟細部構造、血流狀況，以及數種X光照不出來的尿結石。尤其腸道構造與動態更是超音波檢查的強項，連消化器官型的淋巴瘤這麼可怕的疾病，也能夠透過超音波及早發現。

能夠提供上述檢查的醫院相當多，一次費時約數小時至半天。費用依動物醫院而異，個人經驗通常是落在兩萬日圓上下。此外由於這些檢查是為了預防或早期發現疾病，不是為了治療而做，因此市面上的寵物保險多半不會給付，基本上必須由飼主全額負擔。雖然是一筆不小的支出，但是為了幫助愛貓長壽，仍建議各位將其視為必需支出備妥。

加碼會更安心的檢驗項目

若希望追求更萬全的檢查時，這邊推薦的是心臟超音波。肥厚型心肌病變（Hypertrophic Cardiomyopathy, HCM）是貓咪最常見的心臟疾病，這種心肌病變往往在不知不覺間惡化的同時，還可能進一步導致貓主動脈栓塞（Aortic thromboembolism, AT）在某天突然發病。超音波檢查與X光檢查不同，看得到心臟肌肉的厚度與細微動態等，有助於及早發現心臟疾病。這邊建議的頻率是8、9歲以前每兩三年一次，9歲過後一年一次。

健康檢查報告的閱讀法

愛貓做完健康檢查後，各位應該會拿到類似下面這種報告。
所以這裡將解說檢查時常見的用語與確認方式。

※實際格式依院方為主

雙海　先生／小姐　　**健康檢查報告書**　　受理日期：2020.4.1　報告日：2020.4.2

小玉　　　　材料：　乳糜：（　）溶血：（　）

貓　6歲2個月　　體重 4.2kg　體溫　℃　心跳　次／分鐘　呼吸頻率　次／分鐘

項目	數值	單位	參考基準值	L				H	2019/04/01	2018/04/01
白血球數	6500	/μL	5500 - 19500	-	-	○	-	-	5000	6600
紅血球數	939	萬/μL	500 - 1000	-	-	-	○	-	964	920
血紅素	15.3	g/dL	8.0 - 15.0	-	-	-	-	▲	16.8	16
血球容積比（Ht）	48.6	%	24.0 - 45.0	-	-	-	-	▲	48.7	53.7
MCV	51.8	fL	39.0 - 55.0	-	-	-	○	-	50.5	58.4
MCH	16.3	pg	12.5 - 17.5	-	-	-	○	-	17.4	17.4
MCHC	31.4	%	32.0 - 36.0	▼	-	-	-	-	34.5	29.8
血小板	20.0	萬/μL	30.0 - 70.0	▼	-	-	-	-	20.4	17.8
總蛋白（TP）	7.0	g/dL	5.7 - 7.8	-	-	○	-	-	7.1	7
白蛋白（ALB）	3.5	g/dL	2.3 - 3.5	-	-	-	○	-	3.6	3.4
球蛋白（Glob）	3.6	g/dL	2.8 - 5.0	-	-	○	-	-	3.4	3.5
A/G比	1.0		0.1 - 1.1	-	○	-	-	-	1	0.94
總膽紅素（T-Bil）	未滿0.1	mg/dL	0.0 - 0.4	-	○	-	-	-	未滿0.1	0.1
AST（GOT）	26	U/L	18 - 51	-	-	-	-	-	25	31
ALT（GPT）	85	U/L	22 - 84	-	-	-	-	▲	73	98
ALP	71	U/L	0 - 165	-	-	○	-	-	67	76
γ-GTP（GGT）	未滿1	U/L	0 - 10	-	○	-	-	-	未滿1	0.4
脂酶（Lip）	20	U/L	0 - 30	-	-	-	○	-	16	23
尿素氮（BUN）	27.3	mg/dL	17.6 - 32.8	-	-	○	-	-	30.9	27
肌酸酐（CRE）	1.46	mg/dL	0.80 - 1.80	-	-	○	-	-	1.11	1.3
總膽固醇（T-Cho）	205	mg/dL	89 - 176	-	-	-	-	▲	190	176
三酸甘油酯（TG）	63	mg/dL	17 - 104	-	-	○	-	-	87	62
鈣離子（Ca）	9.6	mg/dL	8.8 - 11.9	-	○	-	-	-	10.4	9.8
磷離子（IP）	4.0	mg/dL	2.6 - 6.0	-	-	○	-	-	4.1	4.4
血糖（Glu）	134	mg/dL	71 - 148	-	-	-	○	-	129	112
鈉離子（Na）	151	mEq/L	147 - 156	-	-	○	-	-	155	
氯離子（Cl）	116	mEq/L	107 - 120	-	-	-	○	-	117	
鉀離子（K）	3.8	mEq/L	3.4 - 4.6	-	-	○	-	-	4.2	

血液檢查的常見用語解說

血球檢查（CBC）＝檢測流經全身的「血液是否異常」

紅血球數

能夠運送氧氣的紅血球數量，會一起測量的還有表示「血液濃度」的血球容積比（Ht）或PCV、屬於血色素的血紅素數值，一般會用來判斷是否有脫水或貧血。此外表示紅血球尺寸或血紅素濃度的MOV、MCH也可用來判斷貧血的原因。

白血球數

白血球是能夠保護身體不受細菌或病毒等病原體侵擾與療傷的細胞，但是數量增加太多時會引發感染或是體內的炎症。

血小板數

會在止血時派上用場的血小板，數量太少的話可能是罹患難以止血的疾病，但有時抽血後的血液處置方式也會造成數值偏低。

血液生化檢查＝檢測「各臟器是否異常」

尿素氮（BUN）／肌酸酐（CRE）

會在體內消耗能量時登場的「燃料」，通常會經過腎臟過濾後與尿液一起排出，但是腎臟功能不佳時的話，就會殘留在血液中，使血檢時的數值增高。但是脫水或血液循環不良時無法正確判讀BUN，CRE則會在罹患肌肉消瘦的疾病（甲狀腺機能亢進症等）時受到影響。

ALT(GPT)／AST(GOT)

主要在肝臟細胞受到破壞時滲入血液中的酵素，通常視為肝臟損傷的指標，但是並非數值高就一定等於肝功能低下，請各位特別留意。如果自行依數值判斷肝功能異常，而餵食肝臟相關處方食品的話可能反而導致惡化。肝臟以外的損傷也會造成AST（GOT）上升，所以很多醫院只驗ALT（GPT）而已。

ALP/γ-GTP(GGT)

ALP或GGT是膽汁流動不佳時會滲入血液中的酵素，尤其貓咪的ALP上升時，往往代表著脂肪肝、膽管肝炎、甲狀腺機能亢進症或糖尿病等嚴重的疾病。因此發現ALP上升時，即使沒有什麼症狀，仍建議做進一步的詳細檢查。

血糖值(Glu)

糖尿病的指標。但是貓咪在抽血時情緒激動或是壓力太大時，也會出現暫時性的血糖值提升，有時無法精準判斷貓咪的狀況。所以通常會搭配尿液檢查確認尿糖，或是不受壓力影響的果糖胺（FRA）項目等，從整體狀況判斷。另一方面，肝功能不佳時也可能造成低血糖。

蛋白質

總蛋白（TP）的主成分為白蛋白（ALB）與球蛋白（Glob）。ALB會反映營養狀態、肝、腸與腎臟功能，Glob則是免疫相關蛋白質，主要在罹患傳染病時提昇。

脂質

包括總膽固醇（T-cho）與三酸甘油酯（TG）等，但是人類常見的動脈硬化與高脂血症在貓咪身上相當罕見，因此在獸醫學領域中不是什麼重要的檢查項目。

電解質

包括鈉離子（Na）、鉀離子（K）、氯離子（Cl）、鈣離子（Ca）與磷離子（P），主要是檢測礦物質均衡度的檢查項目，可反映出是否脫水與腎臟、腸道功能。

主要臟器與器官的代表性項目！

（↑…上升時要注意　↓…下降時要注意）

肝臟	・肝臟損傷：ALT（↑）、AST（↑） ・膽汁流動不佳：ALP（↑）、γ-GTP（GGT：↑）、總膽紅素（↑）、總膽固醇（↑） ・肝功能不佳（肝衰竭）：白蛋白（↓）、總膽固醇（↓）、血糖（↓）、尿素氮（BUN：↑）、氨（↑）、總膽汁酸（↑）
腎臟	尿素氮（BUN：↑）、肌酸酐（↑）、磷離子（↑）、鈣離子（↓）、鈉離子（↑）、鉀離子（↓）、SDMA（↑）
胰臟	血糖（↑：糖尿病）、膽固醇（↑：糖尿病）、脂酶、spec fPL（↑：胰臟炎）
心臟	NT-proBNP（↑）
腸道	總蛋白（→／↓）、白蛋白（↓）、球蛋白（Glob：→／↓）、鈉離子（↑）、鉀離子（↓）、氯離子（↑）
甲狀腺	ALT（↑）、ALP（↑）、甲狀腺荷爾蒙（T4：↑）
脫水	血球容積比＆PCV（↑）、鈉離子（↑）、氯離子（↑）、總蛋白（↑）、ALB（↑）、尿素氮（BUN：↑）
貧血	血球容積比＆PCV（↓）、紅血球數（↓）、血紅素（↓）
炎症	白血球數（↑）、SAA（↑）

近來已經可以透過血液檢查判斷是否有肥厚型心肌病變。NT-ProBNP是心臟肌肉會分泌的荷爾蒙，有研究報告顯示即使症狀還沒顯現，只要貓咪的心肌出現病變，這種荷爾蒙的血液中濃度就會上升，因此有助於及早發現疾病。

此外還有一種特殊血液檢查「SDMA」，是有助於及早發現腎臟病的生物標記物，能夠進一步了解愛貓的腎臟狀態。SDMA會上升的時間，平均來說比舊有腎臟病檢驗項目「肌酸酐」還要早17個月，因此有助於及早提供處方食品等治療，大幅減緩病情的發展，可以說是相當有用的項目。事實上，二〇一九年所修訂的國際腎臟權益組織（IRIS）慢性腎衰竭分級中，就在檢驗項目中列入了SDMA，由此可知這項檢驗項目在獸醫之間也備受重視。

此外，貓咪上了年紀後常見的甲狀腺機能亢進症，則可透過甲狀腺荷爾蒙「T4」的檢驗進行診斷。因此有餘力的話建議讓愛貓也加做這些檢驗吧。

由於有些項目並非每間醫院都有提供，所以請先諮詢平常往來的獸醫，並依愛貓的年齡與狀態決定檢查內容吧。

在家也能執行的詳細健檢

確認愛貓健康狀態時，除了定期帶去動物醫院接受正規檢查外，在日常生活中多加留意愛貓的狀態也是非常重要的，如此一來，才能在出現異狀時馬上發現。這邊就介紹幾項個人在家中會執行的健康狀態確認重點吧。

體重秤量以公克為單位

肥胖會造成糖尿病等各式各樣的疾病，相反地體重減輕時，很有可能代表愛貓體內已經潛藏各種疾病。因此為了預防肥胖並及早發現疾病，請勤加測量愛貓的體重吧。

可以的話建議選擇以公克為單位的寵物專用體重計，但是只要是能夠測出低於一百公克的變化，人用體重計也無妨。這邊要切記——貓咪的一百公克猶如人類的一公斤，所以即使對人類來說只是微不足道的重量變化也別輕忽。

如果是可以抱的貓咪，就可以由飼主抱著貓咪踏上人用體重計後，再扣掉飼主的體重即可。我家小喵非常喜歡紙袋與紙箱，所以我都會趁牠在裡面玩的時候，直接整個搬到體重計上面，接著只要扣掉紙袋或紙箱的重量，就能夠輕易測出貓咪的體重，個人非常推薦。

從舉止與表情判斷是否正忍痛

看到愛貓無法在高處跳上跳下時，飼主可能會以為「我家的貓咪也這把年紀啦……」但是說不定只是貓咪身體某處疼痛造成的。據說大部分的貓咪遲早都會出現退化性關節炎（Degenerative Joint Disease），頂多是程度有差而已。

某項研究調查了一百隻6歲以上的貓咪，發現有61％的貓咪患有關節炎，14歲以上的貓咪則有82％。雖然關節炎不是致命疾病，但是疼痛卻會嚴重損害貓咪的生活品質（QOL）。

因此發現愛貓不愛玩了、睡眠時間增加、變得很難跨進貓砂盆、理毛或磨爪子次數減少等，都可能是體內暗藏著關節炎。這時只要透過適度減重與止痛藥減輕疼痛，就有機會控制住病情，讓愛貓恢復以往活潑的模樣。所以發現愛貓出現異狀時，首先請諮詢平常往來的醫師，不要隨便歸咎於年紀吧。

此外，如果不是像關節炎這種在日常中慢慢侵襲的疼痛（慢性疼痛），而是強烈的疼痛（急性疼痛）時，貓咪也會像人類一樣出現臉部扭曲等表情變化。因此看見愛貓瞇細眼睛、鬍鬚墊（嘴巴一帶）緊繃、耳朵朝外、鬍鬚朝前方伸直、臉部比肩膀還低等狀況時，或許就是正強忍著劇烈疼痛。所以請各位先記好這些表情與舉止的特徵以備不時之需。

可從臉部與姿勢看出疼痛

臉部表情

平常

忍耐劇烈疼痛（急性疼痛）時

貓咪忍受劇烈疼痛時，會出現眼睛比平常更瞇、鬍鬚墊緊繃、耳朵朝外、鬍鬚伸直等表情變化。

姿勢

平常

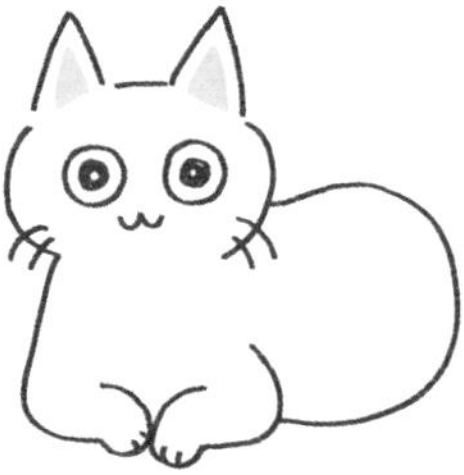

忍耐劇烈疼痛（急性疼痛）時

貓咪的姿勢也會透露出訊息。如果有臉部位置低於肩膀、動也不動、不愛動等現象時，也必須特別留意。

藉由觸摸檢查腫塊或傷痕

貓咪死因的第一名是「癌症」，但是牠們和人類一樣只要能夠及早發現就有機會根治。其中母貓常見的「乳癌」發展速度很快，注意到時往往為時已晚。但是某項研究顯示，只要能夠在腫瘤不到2公分時發現，後續的生存時間就會大幅提升。

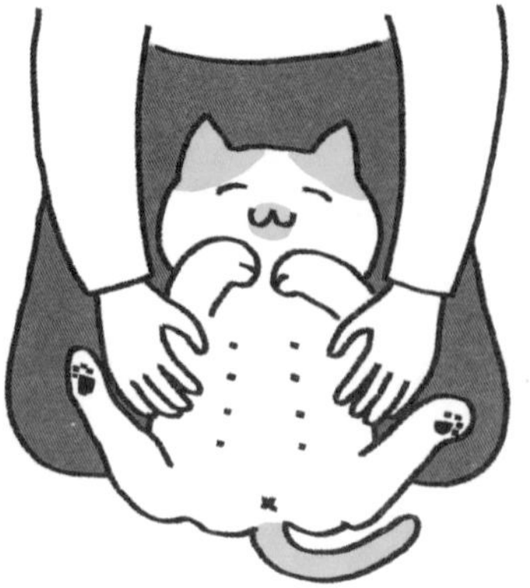

在家中仔細做好乳癌檢查。

因此致力於讓貓咪不再受乳癌所苦的日本獸醫癌症臨床研究團隊，就推廣了「貓絲帶運動」，期望大眾藉由「乳癌檢測按摩術」儘早發現愛貓的乳癌。所以請各位把握愛貓心情好的時間，如上圖般試著讓愛貓仰躺在大腿之間，接著以輕輕抓捏的方式，確認貓咪的乳房周邊、腋下至腿根等整個腹部是否有腫塊。造成貓咪壓力的話就本末倒置了，所以愛貓掙扎時就請果斷放棄。請各位不要勉強愛貓，挑個貓咪心情不錯的時候慢慢進行

貓絲帶運動官網
https://catribbon.jp

即可，詳細作法請參考貓絲帶運動官網。

由於荷爾蒙對乳癌的影響力很大，所以光是讓愛貓在適當的時期內結紮，就能夠大幅降低風險。具體來說，只要在滿1歲前結紮就能夠降低九成的風險，但是超過1歲才結紮就只能降低約一成。大部分的癌症無論多麼謹慎都難以預防，乳癌則是少數已經有明確預防法的一種，所以建議在愛貓6個月大的時候諮詢獸醫，並安排結紮手術吧。

貓咪除了乳腺以外還可能罹患其他癌症。例如會長在貓咪皮膚上的「肥大細胞瘤」(Mast cell tumor)沒有乳癌等那麼可怕，但是儘早摘除還是比較保險。此外在疫苗的章節也有提到，有極少的貓咪接種部位會生成名為「注射部位肉瘤」的癌症，所以平常請多加留意接種處是否出現腫塊，只要早點發現就有機會完全切除。

至於惡性機會較大的則有容易長在臉部周遭的「扁平上皮細胞癌」，目前已知這與紫外線有關，尤其是色素較淡的白貓更容易受紫外線影響，因此罹患扁平上皮細胞癌的機率也較高。因此日光浴也要適可而止，尤其是紫外線特別強的夏季，更是要避免愛貓連續曬好幾個小時的太陽。這種癌症通常會造成許多傷口而非腫塊，所以如果被毛較稀疏的耳尖、鼻尖、嘴巴周遭或口腔內等出現一直好不了的傷口、疥瘡或潰瘍時請特別留意。難以根治的貓咪口炎通常是左右對稱，但是如果是扁平上皮細胞癌的話多半只有單側。

所以請藉由每天撫摸愛貓時，仔細觀察是否有腫塊或是沒見過的傷口吧。

確實掌握排尿量與飲水量

貓咪年紀大了之後容易罹患的三大疾病為「慢性腎衰竭」、「甲狀腺機能亢進症」與「糖尿病」，共通特徵有排尿量異常增加、口渴與經常飲水，因此請多觀察愛貓的排尿量與飲水量吧。

使用凝結型貓砂的話可觀察尿塊尺寸，使用雙層便盆時則可判斷尿墊上的尿液範圍，如此一來即可確認愛貓的排尿量。如果尺寸或範圍變大時，就可能罹

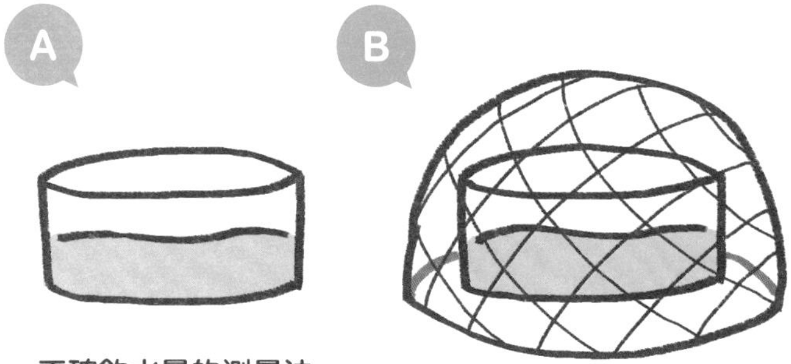

正確飲水量的測量法

準備相同形狀的水容器A與B，並放入相同的水量。
A如往常般擺在貓咪飲水的地方，B則擺在旁邊並蓋上網子或篩子，才不會讓貓咪喝到。
B剩餘水量－A剩餘水量＝貓咪飲水量

患了這類疾病。

想知道正確飲水量的時候，只要使用插圖這種考量到蒸發量的做法即可。雖然只是參考值，如果飲水量超過「體重×50毫升」就有可能是過度飲水了。

貓咪實際飲水量依個體而異，所以平常應確認清楚愛貓的飲水量，才能夠得知是否有異常增加。此外有餵食溼食的話，其攝水量（毫升）可使用溼食量（公克）×0.7～0.8的公式算出，接著再與日常飲水量相加即可。

不要輕忽便祕，應儘早應對

欲掌握愛貓的健康狀況，除了尿液外也應觀

察糞便的狀態。貓咪是容易便祕的動物，因此如果看見愛貓在便盆上奮鬥了半天仍沒結果，或是僅排出少量又小又圓的糞便時，就很有可能是便祕了。很多人會誤以為便祕沒什麼大不了，但是放著不管可不好。

糞便形狀與便祕程度

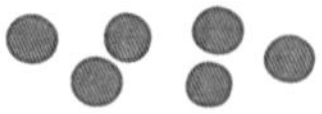

便祕
圓滾滾的硬便，形狀猶如羊糞

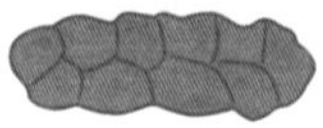

有點便祕
表面龜裂的硬質長條狀

正常糞便
表面滑順的柔軟長條狀

軟便、腹瀉
偏軟、泥狀或水狀

糞便太硬的話，貓咪努力排便時可能會伴隨疼痛，會痛的話可能就會抗拒排便。忍著不排便的時間愈久，身體從糞便中吸收水分的時間就愈長，自然會變得更硬。陷入如此惡性循環，甚至可能導致食慾不振或沒精神，整體症狀又會進一步惡化。發展到這個地步時就可能需要帶去動物醫院，請獸醫採取浣腸或摘便（用手指挖出糞便）等處置。

繼續放著不管，堆積的糞便可能會拉

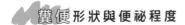

長腸道形成「巨結腸症」。腸道一旦伸展就無法復原，必須開刀摘除一部分的腸道。

所以請在事態惡化之前，仔細觀察愛貓的模樣，若懷疑有便祕時就應及早應對，例如換餵溼食或是與獸醫討論是否該改餵改善便祕的處方食品等。我家小喵時不時會有好像便祕的狀況，這時我就會改餵處方食品。

此外便祕也是慢性腎衰竭的初期症狀之一，某場研究調查了因便祕就醫的貓咪，結果發現罹患慢性腎衰竭的貓咪，便祕風險是一般貓咪的3.8倍。反過來說，或許代表容易便祕的貓咪也比較容易罹患慢性腎衰竭。因此發現愛貓持續便祕時，請帶到動物醫院接受診斷並且順便健康檢查吧。

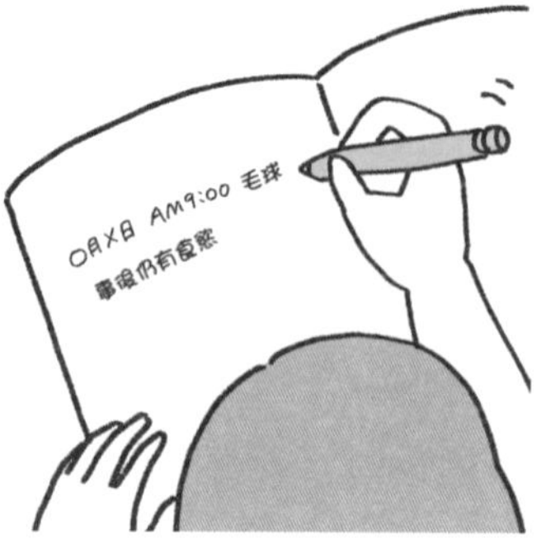

有問題的嘔吐特徵

此外也建議記錄愛貓嘔吐次數與內容物。貓咪本來就有將獵物整隻吞下後，再把無法消耗的毛等吐出的習性，所以並非嘔吐就等於生病。將理毛時吃進肚子裡的廢毛吐出來，對貓咪來說也是相當自然的事情。只要嘔吐後仍一如往常地有精神且食慾好，或者是吃飽飯後馬上吐的話，通常不會有什麼問題。

發覺愛貓好像沒精神、缺乏食慾、一天吐好幾次或是體重減輕時，很可能是生病的警訊，必須特別留意。即使愛貓很有精神或食慾旺盛，但只要短時間吐好幾次、嘔吐次數增加了，都不能輕忽。

近來有研究發現，貓咪每個月吐3次以上，且持續三個月以上時，有96%的機率都擁有某種腸道疾病，而且有一半都是消化系統型的淋巴瘤等腸道方面的癌症。消化系統型的淋巴瘤如果惡性程度較低的話，及早發現及早治療就能夠維持一定程度的壽命。所以不輕忽嘔吐且讓愛貓接受定期健康檢查與腹部超音波檢查，正是避免發現疾病為時已晚的方法。

日常就應測量呼吸次數

為了及時發現愛貓呼吸變化，平常請先觀察愛貓的呼吸次數與模樣吧。很多貓咪在醫院會緊張得呼吸急促，沒辦法精準掌握貓咪的正常狀況，所以請選擇愛貓在家中睡覺或是放鬆時，悄悄地測量呼吸次數吧。這時「胸腔隆起又降下」算一次，一分鐘20至40次都算正常，不過實際情況依個體而異，這個數值僅供參考，最重要的仍是定期計算以確認「變化」。建議各位想到時就算一下，並且記在手機的記事功能，呼吸次數急遽增加時就可能是生病的警訊，例如肺部等呼吸系統的疾病、肥厚型心肌病變等心臟疾病或是帶有疼痛的疾病等。但是貓咪沒有睡很熟時呼吸也會比較快，所以請挑選多種不同的時機算算看吧。

被毛狀況不佳，也可能並非皮膚病所致

貓咪的被毛整齊程度與光澤感，也是外表會顯現出的健康狀態依據之一。看到被毛亂七八糟或是缺乏光澤感時，多半會認為貓咪罹患了皮膚方面的疾病，但是其實也有其他的可能性，像是口腔潰瘍或牙周病等口腔疾病，就會讓貓咪因為疼痛而減少理毛次數，被毛狀態當然就會變差。此外內臟功能低下或荷爾蒙方面的疾病，也會招致類似的狀況，所以發現愛貓的毛呈現明顯一搓一搓的，或是皮膚摸起來很粗糙時，就必須特別留意。

確實執行！飼主可以做好的貓咪疾病預防

日常中還有許多方法可以降低愛貓罹病的機率。即便只是肥胖、牙周病與脫水等問題，都很可能引發各式各樣的疾病，請各位飼主確實做好預防工作吧。

切記「肥胖」是萬惡之源

最新研究發現最多有60%的貓咪有肥胖問題。肥胖不僅會提升罹患各種疾病的風險，其中還包括脂肪肝（參照94頁）這種攸關性命的類型，由此可知，預防肥胖是長壽的重要關鍵。

為什麼現代貓咪的肥胖問題會變得這麼嚴重呢？最大的原因就在於飼主的觀念。有場研究詢問飼主「胖貓看起來比較幸福，也代表生活比較充實」等問題，結果答「是」的飼主家中有胖貓的機率，最多高達「否」的5倍。畢竟負責餵食的是飼主，會有這種關聯性也是理所當然的。因此飼主的想法太過天真，也會造就愛貓的肥胖。但是話說回來，我家小喵其實體態也有點圓潤，所以說這些話的同時我自己也覺得有些刺耳……。

近年老鼠與人類領域執行許多肥胖相關研究，逐漸明白了肥胖造成各式疾病的原因以及機制。肥胖到一定程度

時，全身脂肪就會開始發炎，並間接影響肝臟與肌肉等而引發糖尿病等文明病。但是這種發炎並不強烈，程度輕微且絲毫不會疼痛，所以根本不會察覺。然而身體長年持續發炎的話，內臟與血管受到的損傷就會不斷累積。雖然貓咪的肥胖研究還沒發展到這個地步，但是理應會與老鼠、人類產生類似的現象。因此或許得請各位飼主理解胖嘟嘟並不等於「可愛」，從某個角度來看已經是種「疾病」了。

此外，貓咪本身結紮後會因為荷爾蒙受影響而變得易胖，尤其公貓胖得更是明顯，所以結紮過的公貓必須格外留意肥胖問題。

貓咪已經變胖時當然需要減肥，但是貓咪的減肥與人類不同，是會伴隨危險的，無視愛貓身體狀況的減肥，有可能造成剛才提到的致命疾病「脂肪肝」。胖貓長時間空腹時，體內會開始分解脂肪，導致大量脂肪突然積蓄在肝臟而引發脂肪肝。由於脂肪肝多半會危及性命，所以為愛貓制定減肥計畫時請務必與獸醫討論，不要太過強硬。

貓咪的皮膚就如同小肚肚的存在般相當鬆垮，因此光看外表很難判斷是否真的肥胖，必須特別留意。想確認愛貓是否肥胖時，可以檢查是否摸得到肋骨的凹凸感？由上往下看時是否能看出腰身？肋骨的凹凸感大約等於人類手背的觸感，真的判斷不出來時就請詢問獸醫吧。

禍從口出？勤加刷牙以預防牙周病

近來已經確認牙周病不僅是口腔問題，與身體各處疾病也息息相關。以人類來說就會造成腦中風、心肌梗塞、糖尿病、早產、關節炎與腎臟發炎等，因為牙周病菌會透過紅腫的牙齦進入血管，隨著血液循環至全身並散播毒素，這些毒素遇到免疫細胞時會引發強烈的炎症，因此請各位務必理解，牙周病是會破壞全身的極可怕疾病。

這種狀況不會只發生在人類身上，據信貓咪同樣會因為牙周病導致全身發炎。雖然貓咪領域的流行病學研究不及人類領域，但是近年研究發現具重度牙

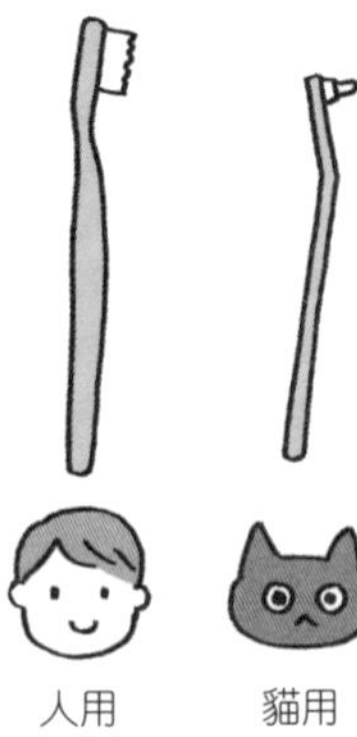

以寵物牙布捲在手指上
輕輕摩擦牙齒。

周病的貓咪，罹患慢性腎衰竭的風險高達一般貓咪的35倍。因此儘管目前尚未解明牙周病與其他疾病的關聯性，實際上恐怕與人類一樣可能導致各種疾病的發作與惡化。

理解這些資訊後自然會明白，日常的口腔清潔對於延長貓咪壽命來說有多麼重要。儘管如此，想要讓從未刷牙過的貓咪接受刷牙可不是簡單的事情，所以必須有耐性地引導愛貓慢慢習慣。

首先請用手指沾上「CIAO啾嚕肉泥」之類的溼食，讓愛貓舔食的同時習慣飼主觸碰口腔與牙齒。等愛貓習慣後再用手指捲起寵物牙布，溫柔地擦拭牙齒以去除髒汙。

愛貓習慣用寵物牙布清潔口腔後，接下來就輪到牙刷登場了。我家用的是小小的貓咪專用牙刷而非人類的牙刷，這種牙刷比想像中的還要好用，相當推薦。只要貓咪在刷牙過程中表現出抗拒就應立即停手，否則強行繼續的話可能會讓貓咪認為「刷牙＝討厭的事情」，所以要為愛貓刷牙的話必須做好「秉持耐性長期抗戰」的心理準備。

真的無法讓愛貓習慣刷牙時，就試著在餐後餵食潔牙零食吧。這時請盡量將零食拿在手上久一點，以增加愛貓啃咬的次數。

如果愛貓已經有牙結石或是牙齦紅腫時，請直接諮詢平常往來的獸醫，不要試圖藉刷牙自行改善。

增加飲水量，預防泌尿相關疾病

飲水量少的話尿液就會又濃又少，變得容易引發結石或膀胱炎。所以必須引導愛貓攝取充足的水分以稀釋尿液，才能夠降低罹患這類泌尿疾病的風險。具體來說下列六種方法就相當有效：

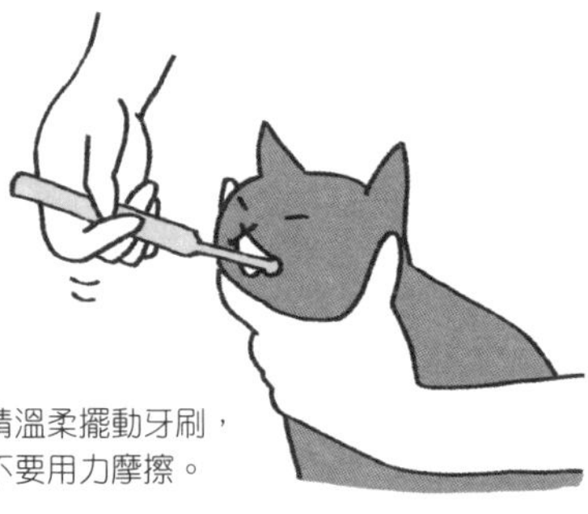

請溫柔擺動牙刷，
不要用力摩擦。

・換成溼食
・經常換水以保持新鮮
・選擇會吸引愛貓飲水的容器
・增加供水位置
・打造有流動水可飲用的場所
・調味

家貓的祖先利比亞山貓，會透過狩獵獵物來攝取水分，因此對貓咪來說「增加飲食中的含水量」是最快的飲水捷徑。有研究顯示，貓咪吃溼食後的尿比重降低（尿變淡）且排尿量增加，所以只要貓咪沒有表現出抗拒，各位也可以試著餵食泡水飼料。

隨時提供新鮮飲用水也是一大重點。我們人類也一樣，對於飲用擱在空氣中太久的水也會感到有點抗拒對吧？所以一天至少早晚要各換水一次，很多貓咪都不喜歡太冰涼的水，所以換水時請記得使用常溫或是加點溫水，尤其冬天更是必須特別留意。

增加供水位置同樣相當重要。大多數的人都將水配置在食物旁邊對吧？貓咪其實是將食物與水分開攝取的動物，畢竟狩獵成功或是取得食物時未必正好在水源旁邊，再加上有些貓咪討厭水染上食物的味道，所以除了食物旁邊之外也請增設多處飲水位置吧。這裡特別推薦寢室等較少人出入的安靜場所，以及貓咪能夠放鬆的場所，最不建議的是熱鬧場所與便盆附近。

愛貓偏好從水龍頭等流出來的水時，則可考慮購買能夠讓水流動的自動餵水機。曾經有研究調查了製造水流的飲水機是否真能增加飲水量，結果發現實際狀況仍依貓咪喜好而定，因此並非對所有貓咪都能夠見效。雖說不實際嘗試就無法知道效果，不過從增加飲水樂趣的角度來看，購買自動餵水機也不是什麼壞事。但是不勤加清潔的話就會發霉，容器也會變得黏膩很不衛生，請特別留意這一部分的保養。

另外也可以像第一章介紹過的一樣，藉由餐具架或高腳碗增加飲水方便性，或是在水中拌入少許肉泥打造出美味的湯品。

SOS！看懂貓咪的救命警訊

一旦錯失攸關愛貓性命的警訊，就很容易在注意到異狀時卻束手無策，甚至為時已晚，我就遇過非常多「如果飼主看懂警訊，貓咪就能夠得救」的案例。貓咪身體出狀況時的警訊五花八門，接下來要解說的是希望各位飼主特別留意的部分。

尿液中的警訊

首先要探討的是與尿液相關的警訊。堵住排尿通道的「尿道結石」與「輸尿管結石」等在嚴重時會釀成生命危險，所以請各位特別留意下列症狀：

・頻繁進出廁所
・擺出排尿姿勢卻沒排出多少尿
・血尿
・排尿時看起來會疼痛或是發出哀號聲

如果貓咪已經表現出這類「與排尿有關的警訊」，飼主仍未採取任何行動，可能會使腎臟塞滿尿液或是無法正常運作，進而引發急性腎衰竭，或者是理應透過尿液排出的「毒素」持續堆積在體內所造成的尿毒症，兩者都是非常危急的狀態，在這種程度下喪生的貓咪並不罕見。

貓咪頻繁嘔吐或是很虛弱時，就很有可能是已經惡化至急性腎衰竭或尿毒症了，所以在發現「與排尿有關的警訊」就應立即帶去醫院檢查。

此外也要養成每天回家後第一件事情就是檢查便盆的習慣，確認愛貓獨自看家時是否有排泄？表現是否有異？尤其公貓的尿道非常細，特別容易產生尿

尿液生成的機制與注意事項

①腎臟
→製造尿液的地方，腎結石通常沒有症狀。

②輸尿管
→連接腎臟與膀胱的細管。由於輸尿管結石很少會出現明顯症狀，所以即使乍看沒什麼的不適也必須特別留意。

③膀胱
→暫時儲存尿物的地方。膀胱結石有時會造成血尿或頻尿，但是通常都沒有症狀。

④尿道
→存在膀胱的尿液會透過此處排出體外。公貓的尿道很細，所以容易堵塞，而常見於公貓的尿道結石嚴重時可能致命。

道結石，所以請特別留意。

症狀明顯的尿道結石對飼主來說比較好判斷，麻煩的是「輸尿管結石」。輸尿管結石不容易出現前述這些症狀，讓飼主很難注意到異狀。日本麻布大學曾調查27例有輸尿管結石問題的貓咪中，有37％出現的是非特異性症狀（沒精神、食慾不振、時不時嘔吐等）且不會疼痛。儘管人類患有輸尿管結石時可能會痛到打滾，貓咪卻沒有如此劇烈的疼痛，使得很多飼主只是想著「好像有點奇怪」卻僅當成是身體不適，結果等愛貓病發後才後悔莫及，所以愛貓出現異狀時就請帶去醫院接受診斷。

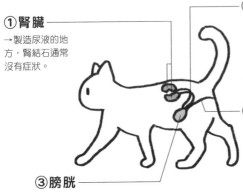

呼吸中的警訊

貓咪的生病警訊有時也會透過呼吸變化來顯現。發現貓咪的呼吸突然變得急促時，有可能是心臟病惡化、肺部或胸腔有積水，情況相當危急。尤其是貓咪明明安靜休息，卻依然有下列表現時，就已經處於非常緊急的狀態，請立即送往動物醫院。

・張口呼吸
・坐或趴時脖子往前伸長並抬頭呼吸
・呼吸時鼻孔明顯收縮
・胸腔與腹部像波浪般大幅度地各自起伏
・呼吸時會動用全身或是會上下擺動頭部
・咳嗽（很容易與嘔吐搞混，請特別留意）
・本應為粉紅色的舌頭或牙齦肉變紫色（發紺）

尤其是鼻孔不斷收縮的「鼻翼呼吸法」、動用全身的「努力性呼吸」（呼吸困難的特徵之一，意指必須動用到其他肌肉努力呼吸的狀態）更是飼主容易沒注意到的危險症狀。有許多飼主拍攝了自家貓咪出現異狀的影片，並以「貓咪這樣呼吸時請小心！」等名稱上傳至網路，所以請各位上網檢索「貓　呼吸」、「貓　咳嗽」等關鍵字確認實際的模樣吧。然而遺憾的是，有些影片中的貓咪在拍完影片後沒幾天就過世了。

有站不起來、哀號等狀況，立即就醫

「貓主動脈栓塞」可說是貓咪疾病中的大魔王。這是肥厚型心肌病變等心臟病造成的血栓堵塞動脈所致，死亡機率非常高，特徵是突然站不起來，或是因劇烈疼痛而哀號。由於心臟病急遽惡化時多半會造成肺積水，因此也會出現前述的呼吸困難症狀，此外血管堵塞有時也會使貓咪後腳的腳尖摸起來特別冰涼。

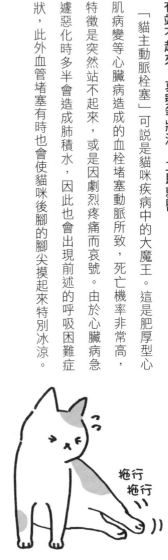

愛貓出現這類症狀時請立即送醫。有些飼主會想說觀察一個晚上，等早上再看情況就醫，結果愛貓就這樣離世了。由於這類疾病發作後無計可施的機率很高，所以透過健康診斷及早發現心臟病，並且定期追蹤、依病情加以控制是非常重要的。此外也建議如75頁健康檢查的部分所述，讓愛貓接受心臟超音波檢查吧。尤其是日本常見的美國短毛貓與蘇格蘭摺耳貓等品種貓，更是容易罹患肥厚型心肌病變，所以請特別留意。

除了前述狀況以外，短時間內數度嘔吐也非常危險。如果是異物塞住腸道，就可能陷入前面提到的泌尿疾病、中毒等致命狀態。此外痙攣、沒精神、沒食慾、虛弱或是流出大量的唾液等，也都是必須與死神賽跑的症狀，所以請不要猶豫，立即送到醫院就診吧。

我至今看過許多飼主想著「再觀察一下」導致愛貓送命的案例。能否保住愛貓的性命，與飼主的判斷能力息息相關，所以請務必牢記這些疾病警訊。

插畫家OKIEIKO的

請告訴我！NYANTOS醫師 之2

進一步了解！幫愛貓採尿

該怎麼在家中採尿呢？

OKIEIKO（以下簡稱O） 必須把貓尿帶到醫院時，最推薦哪一種採尿法呢？如果是格柵型雙層便盆的話，只要收集流到底盆的尿液就行了，但是只有貓砂的便盆就困難許多……

NYANTOS（以下簡稱NY） 坊間常見到有人推薦用湯杓接尿的方法，不過要抓準貓咪尿出來的時機，分毫無差地將湯杓遞到貓咪屁股下其實難度相當高，對吧？

O 正是如此。而且我也擔心這麼做會造成貓咪的壓力，結果就憋尿……

NY 擺上小塊棉片吸尿或許會比較輕鬆。

O 原來可以使用棉片啊！但是混有纖維不會影響到檢查結果嗎？

NY 只有少許的話就不用擔心。另外現在也有一種叫作「URO Cather」的商品，是由細棒與小片特殊海綿組成，相當好用喔。不僅能夠輕鬆對準尿液，吸完後直接放進隨附的袋子，即可輕鬆帶去醫院。近來網路上也買得到了。

O 聽起來很好用的感覺！順道一提，尿檢應該要準備多少尿液比較恰當呢？

NY 大概10毫升左右就夠了。

O 原來需要的量不會很多，這樣似乎很好集到。那麼順利採到尿之後，在到達醫院之前該怎麼存放比較好？

NY 放在冰箱冷藏會比較安心喔。

O 檢體愈新鮮愈好嗎？

NY 沒錯。最久也希望不要超過檢查前5～6個小時。

也可以請獸醫幫忙採尿

O 我原本還很緊張，擔心萬一到檢查當天都採不到尿該怎麼辦（笑）

NY 這樣的話也可以請醫院幫忙，所以不用擔心。獸醫可以用細針刺進腹部，直接從膀胱採尿。

O 這樣貓咪不會痛嗎？

NY 其實不會很痛，而且被穿刺的地方也會迅速癒合。只是採尿時必須做好保定工作，然而貓咪可能會奮力掙扎，所以難度也相當高……

O 就是說啊。不過如果能夠在醫院安全採尿的話，還是比較安心。

NY 直接從膀胱採尿的最大優點，就是能夠獲得新鮮且未混入外部細菌的尿液，得到的檢查結果最為精準。

O 這一點對於獲知貓咪真正健康狀況來說，可是非常重要呢。

NY 沒錯。如果飼主只有要拿檢體到醫院的話，當然要在家中採尿，不過如果連貓咪都需要一起上醫院檢查的話，我認為這情況下也可以考慮請醫院協助採尿。

O 採到的尿液會用什麼方式檢查呢？

NY 首先會目測尿液顏色與氣味等，接著以試紙檢測尿比重、酸鹼值與潛血等。接著會用離心機進一步檢查尿液狀態。

O 原來會分成這麼多階段啊！

NY 貓咪有很多像是腎臟病等可以透過尿液檢查出來的疾病，因此建議一年最少要做1次尿檢，可以的話至少應做2次以上。畢竟尿液是確保貓咪健康的重要數據。

第3章

居住環境的注意事項

正因是家人，更須意識到「貓咪不是人類」

貓咪是重要的家族成員，相信很多飼主都將愛貓當成孩子般疼愛，想為牠們獻上一切對吧？正因如此，這邊要鄭重提醒各位的就是「貓咪不是人類」。

人類為了讓生活更方便，透過反覆的繁殖改良狗狗的品種。但是貓咪與狗狗不同，只是為了狩獵農場或穀倉的老鼠而自然而然踏入人類的生活。因此家貓的基因與祖先山貓沒什麼不同，即使與人類一起生活，仍保有與祖先基本相同的感官能力與習性。乍看貓咪能夠靈活地適應飼主的生活，但是其實與其讓牠們配合人類的生活習慣，盡可能維持符合本性的生活方式，才能夠為愛貓打造無壓生活。借動物行為學專家布萊蕭（John Bradshaw）的話，就是「貓咪擅長當一隻貓」。因此無法滿足本能的環境，會對貓咪造成相當大的壓力，有時甚至會造成在便盆外排泄、攻擊或自殘等異常行為。因此將貓咪完全養在室內，降低傳染病與受傷的風險之餘，主宰居家環境的飼主責任就更加重大，所以請仔細了解山貓的本能與習性，為愛貓打造出更符合天性的生活環境。

為貓咪打造出理想環境有個專業術語稱為「環境豐富化」（environmental enrichment），在美國貓科動物從業者協會（AAFP）與國際貓科醫學會（ISFM）所制定的指引中，就彙整了貓咪適合的飲食、居住環境、與人類&其他貓咪的相處方式等。

本章將以環境豐富化為基礎，介紹符合貓咪需求的環境打造方式，讓各位得以為愛貓提供更加幸福快樂的生活。

確保貓咪擁有可環顧空間的「展望台」

為愛貓打造符合本能的環境時，「能夠環顧整個空間的高處」就非常重要。

貓咪是會劃地盤的動物，對完全養在室內的貓咪來說，整個家就是牠們的地盤。因此貓咪會經常巡視整個空間以確認是否有異狀。我家小喵就經常從釘在牆上的書架上，以君臨天下之姿俯視整個空間。不過牠連小昆蟲都抓不到，只要有點聲響就會嚇到，就算真的發現異常是能怎樣……雖然難免會浮現這種想法，不過近來的研究發現這種「展望台」對貓咪來說重要得不得了。

貓咪的泌尿疾病中最常見的就是「特發性膀胱炎」。「特發性」是「原因不明」的意思，所以有人推測可能是壓力造成的。有研究調查了58隻罹患特發性膀胱炎的貓咪生活環境，發現「家中沒有高處」的貓咪罹患特發性膀胱炎的機率，比「家中有高處」的貓咪多了4・6倍。也就是說，沒有地方可以環顧整個家會讓貓咪感到壓力，嚴重時甚至可能釀成疾病。

此外，「展望台」對貓咪來說也是「可以安心的場所」。六千萬年前的貓咪祖先住在森林裡，為了躲開大型動物的侵襲會爬上樹，藉樹葉與樹枝隱身，或許就是因此才讓現代貓咪本能也將高處視為可以安心放鬆的地方。仔細回想發現我家小喵確實整天都在書架上睡覺呢。

家中沒有合適的高處時，則建議準備貓跳台或貓階梯等，為愛貓打造具有一定高度的休息空間吧。家中空間不足以設置這些高處時，只要將書架、沙發與斗櫃等不同高度的家具擺在一起就夠了，只要家具的深度達30公分以上，就比較不用擔心貓咪掉下來，還能夠給與貓咪安心的生活。

供貓咪在高處休息用的家具或貓跳台最好可以設在窗邊，因為窗邊能曬太陽、觀察搖曳的樹木或是鳥兒等，是為貓咪感官帶來豐富刺激的重要場所。另外也請在此處布置貓咪喜歡的毯子或是貓床吧。順道一提，貓咪住院等必須外出過夜的時候，將這些沾有愛貓味道的物品一起帶去，也有助於讓愛貓感到安心。

光是有「藏身處」，就能提升貓咪安心感

對貓咪來說「藏身處」的重要性媲美能夠環視整個空間的高處，近來研究發現「藏身處有助於減輕貓咪壓力」。據說在貓咪住院時提供躲藏用的紙箱，貓咪大部分的時間都會躲在該處，心跳與呼吸都會變得平穩，壓力指數也會明顯降低。也就是說，面對住院這類環境變化時，躲在紙箱能夠幫助貓咪放鬆，感受到的壓力也會比較輕。

除了動物醫院外，在收容設施設置藏身處的效果也已經獲得了科學實證。研究顯示擁有箱子的貓咪比沒有箱子的貓咪更快適應收容設施，由此即可感受得出「藏身處」對於貓咪抗壓與適應環境變化有相當大的幫助。

目前認為貓咪的祖先主要會在樹洞或石穴中休息，所以這類不易受到外敵侵襲的空間，就像高處一樣能夠讓貓咪感到安全又放心。現代貓咪會那麼喜歡紙

小喵很喜歡瓦楞紙製的雪屋型貓床。

箱，或許就是繼承了如此基因所致。

家中設有貓咪的藏身處時，地震、打雷或颱風等造成突如其來的劇烈聲響時，嚇到的貓咪就能夠立刻躲起來。此外有貓咪不熟悉的訪客到來或是搬家造成環境變化時，這類場所同樣有助於安撫貓咪。

順道一提，這邊很推薦用雪屋造型的草編貓床當成藏身處。而我家小喵喜歡的是瓦楞紙材質的雪屋型貓床，只要找不到小喵，肯定就是躲在裡面休息，此外也經常跳到頂部磨爪子。

當然，沙發或床架等家具下的空間也很適合供貓咪躲藏。

徹底滿足貓咪磨爪子的需求

獸醫領域有句名言叫作「貓咪不是體型比較小的狗狗」，而「磨爪子」就是貓咪特有的行為。

貓咪的爪子是狩獵與打架時的武器，所以必須經常將其磨尖是貓咪磨爪子最重要的原因。我可能沒有特別跟飼主們提過，不過貓咪的爪子構造與人類指甲截然不同。貓咪的爪子猶如洋蔥般層層堆疊，所以磨爪子其實是剝除最外側的老舊爪子，以露出內側尖銳的新爪子，藉此維持爪子的尖銳度。現代家貓雖然不必狩獵或打架，卻仍保有「想要維持爪子漂亮」的欲望。

貓咪磨爪子的另一個原因則是「與其他貓咪溝通」。由於貓咪是很重視地盤的動物，所以會透過磨爪子做記號，藉此向其他貓咪宣示「這裡是老子的地盤」。貓咪的肉球有臭腺，將其分泌出的氣味沾在物體上，就等同於向其他貓咪傳遞訊息。當然磨爪子造成的痕跡，也是很明顯的視覺記號。家裡的空間就是貓咪的地盤，所以當然也會想在各處「沾上自己的氣味」、「做記號」。

磨爪子這個行為同樣能夠表現出貓咪的心理狀態。以我家小喵為例，牠搗蛋時被發現的話就會一副「糟糕了！」的樣子跑去旁邊磨爪子。這恐怕是替代行為（Displacement activity）的一種，意指當動物被迫從戰鬥或逃跑中做選擇時，突然表現出毫無關聯性的行為一舉。有些人傷腦筋的時候會抓頭，有些人身處困境時會暴飲暴食，這些行為或許也與貓咪的替代行為相同。此外貓咪在邀請飼主一起玩時也會磨爪子。

由此可知，磨爪子對貓咪來說是攸關本能與情感表達的重要行為，所以不能磨爪子會對牠們造成非常大的壓力。目前已知透過去爪手術（非常不人道，各位當然不應該考慮）失去爪子的貓咪，就更容易做出亂咬或是過度的理毛等問題行為。所以希望愛貓感到幸福時，就必須為其安排適合的貓抓板，讓貓咪能夠想抓就抓。

幼貓喜歡S型，成年公貓喜歡柱狀？

那麼什麼樣的磨爪環境對貓咪來說最理想呢？

「貓咪喜歡什麼樣的磨爪環境呢？」美國研究團隊就以此為主題，從科學的

角度進一步探究過。首先他們找來40隻不到兩個月齡的幼貓，每天提供十種以上不同材質與形狀的貓抓板，觀察牠們喜歡哪一種。研究團隊選擇幼貓是因為牠們的好奇心比成貓旺盛，且成長環境對牠們的影響尚淺，所以對貓抓板的喜好會更趨近於本能。結果發現最受貓咪歡迎的是「扭成S型的瓦楞紙貓抓板」。

接下來研究團隊又想知道在成貓身上是否會出現相同結果，於是第二場實驗就準備了最受幼貓歡迎的S型瓦楞紙貓抓板，與直立式的瓦楞紙貓抓柱。結果出乎意料地發現最多成貓選擇的，並非S型瓦楞紙貓抓板而是「直立式瓦楞紙貓抓柱」，而且這種傾向只出現在公貓，母貓並無相同的現象。貓咪生活在自然界時，公貓劃下的地盤範圍似乎相當寬，所以經常與其他貓咪的地盤重疊。因此牠們必須盡可能在較高的地方留下爪痕，才能夠向周遭的貓咪展示自己的體格較大等優越條件。幼貓沒有產生如此分歧的原因，或許是出生未滿兩個月的幼貓在這方面的磨爪本能尚未發達，平衡感與肌力也都還在發育階段，所以單純因為S型貓抓板比較好抓才做此選擇。研究中還調查了貓咪對瓦楞紙、麻材、布料與地毯等各種材質的喜好，結果發現成貓喜歡瓦楞紙與麻材勝於布料與地毯。

綜觀以上研究結果，這邊建議為幼貓選擇S型的瓦楞紙包抓板，並為成貓（尤其是公貓）選擇直立的瓦楞紙或麻質貓抓柱。但是成貓受到成長環境影響較深，所以難免會產生與此研究不同的結果。此外雖然這場研究沒有探討到熟齡貓，但是考量到許多貓咪年紀大了後會罹患關節炎，所以熟齡貓可能會比較偏好對膝蓋造成負擔較輕的S型貓抓板。請各位尊重貓咪個別的喜好，找到最符合愛貓需求的商品，如此一來，想必就能夠

成貓傾向貓抓柱，幼貓則偏好S型貓抓板。

幫助愛貓過得更舒適。

小道具與獎勵齊下，解決令人困擾的亂抓習慣

無論磨爪子對貓咪來說多麼重要，牠們跑去抓重要的家具或牆壁就很傷腦筋了吧？但是貓咪訓練起來非常困難，責罵也只會造成反效果。所以這邊要介紹三個有效的方法，幫助各位克服愛貓亂抓的困擾。

・為家具與牆壁做好防範
・為愛貓找到最好用的磨爪子用品
・愛貓在適當位置磨爪子時就給與獎勵

首先是不希望被愛貓抓傷的家具與牆壁，這裡最有效的應對方法是「雙面膠」。貓咪非常愛乾淨，所以很討厭膠帶那種黏黏的觸感，自然就會減少抓該

處的次數。同時也請以溫水沾抹布，仔細清除附著在抓痕上的氣味。藉此避免愛貓抓傷家具與牆壁的同時，也請務必準備符合愛貓喜好的貓抓用品，無論是前面提到的S型瓦楞紙貓抓板、直立式瓦楞紙貓抓柱還是麻製貓抓用品都無所謂。愛貓不賞臉的時候，就請觀察愛貓常抓的家具材質與貓咪的姿勢，藉此釐清符合愛貓喜歡的條件，或許自然就能夠挑出最適合的類型了。舉例來說，貓咪喜歡抓布沙發的座面時，就準備布製的平面貓抓板。總而言之請多方嘗試各種材質與形狀，找出最符合愛貓喜好的類型吧。此外前面提到的美國研究團隊就表示，貓抓用品添加木天蓼後，貓咪藉此磨爪子的時間與次數會明顯增加。市面上許多貓抓用品都會附上木天蓼，各位不妨嘗試看看，或許能夠獲得一定的效果。

愛貓在正確的位置磨爪子後，請儘快提供獎勵。例如柔聲對貓咪說話的同時摸摸牠們或是餵食零食等，只要是能夠討愛貓歡心的事物都可以。根據另一個研究團隊實施的問卷調查，發現在「貓咪是否會在適當的地方磨爪子？」的問題中答「是」的飼主中，有67.7%的人沒有提供獎勵，而有提供獎勵的則有80.4%。所以對愛貓磨爪子一舉很傷腦筋的人，請務必透過獎勵加以改善。

排泄環境不佳，將提升尿路疾病的風險

舒適的排泄環境也是為愛貓打造無壓生活時所不可或缺的。貓咪對排泄環境不滿時會排在其他地方或是憋著不上，進而提升罹患尿石症與特發性膀胱炎等下泌尿道疾病的風險，最重要的是沒辦法安心上廁所就太可憐了。然而很多飼

主都沒有注意到愛貓對廁所的不滿意之處，卻是不可否認的現實。

各位的愛貓是否有下列行為呢？如果有什麼概念的話，就可能代表著貓咪對廁所感到不滿意。

・將四肢踩在廁所邊緣，一副不希望肉球碰到貓砂的模樣
・對廁所旁的牆壁或地板做出撥砂的動作
・前腳在半空中做出撥砂的動作
・遲遲不肯排泄（換了半天的姿勢、進進出出等）
・排泄後不撥砂就衝出來了
・上廁所次數很少（通常一天要2～4次），每次排尿時間長達40～50秒（通常是20秒）

那麼該怎麼為愛貓選擇真正舒適的廁所呢？

準備寬達50公分以上的大廁所

首先最重要的就是「愈大愈好」。

從過去多場研究可以確認，貓咪喜歡的廁所至少要寬達50公分以上，但是符合這個條件的家庭似乎意外地少對吧？畢竟市售的貓便盆多半很小。不過只要鎖定偏大的尺寸去找，還是能夠找到幾個符合條件的，所以還請各位平時務必留意。

這邊推薦的是寬達60公分的「利其爾卡羅方型貓便盆F60」，價格約一千日圓（我家就是用這款），或是Moderna products的特大號貓便盆等。也不一定要使用貓咪專用的便盆，尺寸適當的話也可使用整理箱。

這些行為，或許代表愛貓對廁所不滿？

對著廁所旁的牆壁、地板或是半空中做出撥砂的動作。

四肢都踩在便盆邊緣，不想讓肉球沾到貓砂。

不撥砂就衝出廁所。

至於上蓋的部分，也有數據顯示「貓咪比較喜歡有上蓋的廁所」，但是傾向不算太明顯。畢竟上廁所是貓咪最沒有防備的狀態，所以準備增加隱密性的上蓋或許會比較安心。但是對上蓋的喜好因貓而異，各位不妨先試用看看再依愛貓反應決定要不要用。此外加了上蓋後比較不容易看見內部情況，這時也千萬別忘了打掃。

貓咪最喜歡的是礦砂

貓便盆的另一大重點就是貓砂，目前已經有許多研究調查了貓咪對貓砂的喜好，結果確認了具備下列特徵的貓砂較受貓咪歡迎。

・顆粒小，近似天然的沙子
・凝結力強
・具有一定的重量，撥起來很順手

而符合這些條件的即是「礦砂」。甚至因為礦砂對貓咪來說最好用，還有飼主表示「換成礦砂後就不會在外面排泄了」。此外貓砂應鋪設至少5公分的深度（大概到食指的第二關節），才不會隨便撥一下就露出底部。

或許也有讀者對於礦砂的使用仍感到猶豫，所以這邊就進一步說明吧。

首先，人們對礦砂避而遠之的一大理由，就是「擔心膨潤土危害貓咪的健康」。膨潤土是礦砂的主成分，沾到尿液後能夠凝結就是多虧了膨潤土。網路上很多人擔心貓咪會吸入膨潤土的粉塵，不過從結論來說，目前並無含有膨潤土的礦砂會造成特定疾病的相關報告。雖然有過膨潤土中毒的案例，不過那是有異食癖（會吃進非食物的異物）的貓咪吃進大量礦砂所造成的特例。而且無論是哪一種貓砂，都應避免讓貓咪吸入粉塵，所以我家選用了「DR.ELSEY'S艾爾博士」與「LION除臭貓砂」，兩者都經過特別處理，不僅粉塵量很少，凝結力與除臭效果都很好。

此外礦砂有「不能倒馬桶」的缺點，必須讓排泄物的味道留到倒垃圾的日子。我家會將貓砂塊裝進專用的BOS防臭袋後，再丟進旁邊的專用垃圾桶，等倒垃圾那一天再一口氣拿出去丟（請遵循當地的垃圾分類規則）。BOS是防臭能力很高的材質，就連小喵現做的熱騰騰糞便，也只要丟進BOS防臭袋再封緊就不會聞到味道了，真的非常好用。

避免顆粒大、不易凝結、太輕的貓砂

那麼礦砂以外的貓砂如何呢？

首先紙砂、木製貓砂、豆腐砂等貓砂顆粒通常

都比礦砂大，有些貓咪不喜歡肉球接觸到這些顆粒的感覺。此外顆粒不易凝結的話，在鏟貓砂時就會碎裂，難以清理乾淨。事實上，出乎預料地有許多貓咪都很在意便盆沒清乾淨所殘留的氣味與髒汙。至於完全不會凝結的矽膠貓砂，從過去的研究也可以看出不太受貓咪歡迎。

對貓咪來說貓砂撥起來的手感非常重要，牠們似乎偏好質地接近天然沙子，且具備一定重量的貓砂。貓咪會在公園沙坑排泄的原因，正是因為這裡很寬敞又充滿自然沙子的關係吧。紙砂與豆腐砂或許就是太輕，讓貓咪撥起來很沒感覺吧？

但是如果愛貓像前面介紹的一樣會吃貓砂時，為了健康著想請選擇豆腐砂等其他類型的貓砂而非礦砂。此外雖然極為罕見，但是發現愛貓對貓砂過敏（咳嗽等）時也應暫停使用並諮詢平常往來的醫生。

順道一提，近來愈來愈多帶有香氣的貓砂，其實有研究報告顯示貓咪討厭散發香氣的貓砂，所以個人認為選購無添加香料的可能比較保險。

雙層貓便盆，也應選擇顆粒小的貓砂

接下來要談談也有很多家庭選用的雙層貓便盆。

雙層便盆整理起來比較快速也不太會有氣味問題，素來因方便在飼主之間備受好評，但是其實在貓咪之間的評價卻非常低。LION商事透過實驗發現，五種貓砂（礦砂、木製貓砂、紙砂、豆腐砂與雙層貓便盆專用的木屑砂）中，最不受貓砂歡迎的就是雙層貓便盆專用的木屑砂（使用次數為礦砂19次、木製貓砂11次、紙砂5次、豆腐砂4次與雙層貓便盆專用的木屑砂2次）。據信很多不願意在正確位置排泄的貓咪，家裡使用的多半是雙層貓便盆。

探究貓咪為什麼不喜歡雙層貓便盆專用的木屑砂後，懷疑有可能是「顆粒過大」造成的。如前所述，經過許多研究發現「貓咪最喜歡顆粒小且接近天然沙質的貓砂」，而木屑砂的條件卻完全相反。不僅質地與天然沙質相差甚遠，恐怕連肉球體驗到的觸感與撥起來的手感，都會讓貓咪覺得不太對勁吧。所以如果家裡使用了雙層貓便盆，並發現愛貓無法順利在裡面排泄，或是表現出任何排斥廁所的舉動，就先試著換成礦砂與較大的便盆吧。我曾聽過許多飼主表示：「換掉便盆之後，排泄方便的問題就徹底消失了！」「貓咪用起來很舒適的樣子。」所以可以說是種很有效果的應對方式。

儘管如此，雙層貓便盆不僅能夠減輕飼主的負擔，方便觀察尿色與採尿也是相當吸引人的優點。此外長年用慣雙層貓便盆的貓咪，理應也比較喜歡這種便盆，所以經過諸多考量仍決定使用雙層貓便盆時，也請盡可能選擇較小的貓砂。很多人為雙層貓便盆添加的貓砂量其實都偏少，所以只要看得見下面的網篩就代表用量過少，請多加一點才能夠為愛貓打造出理想的排泄環境。

令貓咪開心的訣竅是刺激狩獵本能

前面已經介紹過，貓咪是會狩獵的動物，因此想讓愛貓活得幸福，在日常生活中安排模擬狩獵的遊戲就是不可或缺的。

狩獵行為對貓咪來說原本只是覓食的一個環節，所以在遊戲過程中安排飲食，就會更貼近原始的覓食行為。

舉例來說，在房間裡丟擲乾飼料讓貓咪追到後吃掉的遊戲雖然很簡單，卻非常接近貓咪在大自然中的狩獵本能。此外也可以將捲筒衛生紙的紙筒排成金字塔形狀，在紙筒中放置點心或飼料，讓貓咪用前腳撥出來食用。這類「必須動腦的遊戲」能夠滿足貓咪的狩獵本能，所以非常推薦。

也可以將捲筒衛生紙的紙筒疊起來，放入乾飼料讓愛貓玩耍。

每次轉動就會有飼料掉出來的漏食球。

另外市售的迷宮餵食器或是漏食球等，也是不錯的選擇。原本貓咪一天得獵捕十幾隻小動物來吃，所以這種在遊戲過程中少量進食的作法，就相當符合牠們的原始生活，請各位務必嘗試。

這邊也很推薦運用逗貓棒或釣竿型的玩具。在擺動這些玩具的時候，請試著模仿小動物的動作。例如像老鼠一樣在地面快速地閃電型奔跑，或是像小鳥一樣在半空中飛呀飛的，都能夠獲得不錯的反應。但是老是失敗就不開心了，所以請留意讓愛貓每失敗幾次就要成功抓到一次玩具。適度的成功經驗，是讓愛貓更願意玩耍的訣竅。

貓咪的狩獵型態是埋伏在暗處，逮到機會再衝出來一口氣抓住。請各位運用房間的牆壁或家具等模擬這類環境吧。只要將玩具擺動得猶如獵物正在躲藏的模樣，理應會看見愛貓入迷地搖著屁股瞄準後

這邊也很推薦迷宮餵食器。

飛撲過去的畫面。這裡也很建議搭配聚酯纖維製的隧道，像我家小喵就非常喜歡這種隧道，只要挑在牠躲在隧道的時候甩動逗貓棒，小喵就會暴走到讓我有點後悔買了這種東西……（笑）。或許這種摸起來會沙沙作響的質感，對貓咪來說很有魅力。

和愛貓玩到告一個段落時，一定要把玩具收在貓咪碰不到的地方。此外選購玩具時也要留意安全問題，挑選不容易誤食的類型才能夠安心玩耍。

注意中暑與燙傷，藉空調確實做好溫度控管！

要整頓出讓貓咪覺得舒適的環境時，用空調做好溫度控管是相當重要的。尤其是夏天養在室內時，貓咪更容易與人類一樣中暑，所以必須特別留意。據說最適當的溫度是25至28度，溼度則約50%。這邊請以溫度的數值為基準，為愛貓的生活環境維持一定室溫。

「有吹電風扇的話就沒問題！」有些飼主會因此而不打算開冷氣，但是其實電風扇對貓咪來說沒什麼意義。因為貓咪只有肉球會出汗，所以就算身體接觸到電風扇的風也很難覺得涼爽。

近年很多人會幫長毛貓剃毛，但是我個人反對這麼做。貓咪一天會耗費大量時間理毛，剃毛可能會使牠們整理起來怪怪的，甚至產生心理壓力。所以雖然沒有「絕對不可以這樣！」的理由，個人還是認為維持好環境溫度的話，不必剃毛也很足夠。

每隻貓咪喜歡的室溫都不一樣，甚至有些貓咪不喜歡空調的風。所以請仔細觀察愛貓的模樣，為其找到最舒適的溫度與溼度吧。貓咪會自己選擇舒適的空間，所以為愛貓準備一間有空調的房間之餘，也讓牠們能夠自由前往浴室或其他房間吧。如果愛貓獨自看家時會關籠的話，則要避免空調的風直接吹到貓咪，此外也可以搭配涼墊或涼床。

冬天同樣要注意室溫。據說氣溫降低後，貓咪容易罹患泌尿方面的疾病。這

是因為天氣冷就懶得去上廁所而憋尿所致，和人類一樣對吧？所以請將貓便盆設置在溫暖的房間，以避免愛貓憋尿吧。

此外，很多貓咪冬天時會在煤油暖爐旁取暖，這邊請各位留意燙傷的問題。貓咪燙傷時最麻煩的地方在於要過一段時間才看得出來，尤其貓咪的皮膚上有毛，無法輕易確認皮膚狀態，所以過幾天才發現愛貓皮膚潰爛的案例並不罕見，另外也有貓咪把肉球搭在暖爐上結果燙傷的案例，因此這邊建議盡量使用空調。如果真的必須使用煤油暖爐的話，請用柵欄等道具圍起來避免愛貓過度靠近。暖桌或電熱毯也會造成低溫燙傷，所以請盡量設定偏低的溫度，也要避免一直開著。

多貓飼養要三思

實際養貓之後才發現，其實很多貓咪都怕寂寞又愛撒嬌對吧？遇到這類貓咪時興起「讓牠獨自看家太可憐了」、「應該讓牠交個朋友」等念頭也是正常的。有研究顯示具分離焦慮症的貓咪通常都是單獨飼養。但是養一隻貓咪與兩隻貓咪間的差異，並不單純只是耗費心力與金錢變兩倍而已，所以請各位務必先了解多貓飼養的缺點。

廁所與飲食管理的困難度

其中最麻煩的就是廁所與飲食管理。像是不知道貓咪各自吃了多少？喝了多少水？也搞不清楚是誰排的便、尿的尿，或是誰嘔吐或腹瀉等，這種難以判斷到底是哪隻貓咪的困擾其實出乎意料的多。沒有做好飲食管理的話，很容

易發生肥胖或營養不足的問題，甚至可能沒辦法發現食慾變差這種疾病的初期症狀。此外沒發現愛貓尿不出來的情況時，甚至可能釀成致命危險。做好健康管理才能夠幫助愛貓長壽，然而貓咪數量一多，情況就會變得複雜又困難。

很多時候喜孜孜地迎來新成員後，卻反而增加了愛貓的壓力。貓咪是很重視地盤的動物，所以家裡突然多了新成員的話，貓咪覺得壓力大也是理所當然的。事實上會提升特發性膀胱炎、貓傳染性腹膜炎（FIP）等各種疾病發作的危險因子之一就是「多貓飼養」。這裡並不是要否定多貓飼養，只是希望各位在迎接新貓咪之前先考慮清楚，了解隨便增加貓咪數量反而容易對愛貓造成負擔。

此外，有緊急狀況時要擔心的事情也多得不得了。近年開始出現些前所未見的災害，大多數的避難所都沒有準備貓飼料、飲用水、貓砂與籠子等，因此貓咪的防災用品幾乎只能靠飼主自己準備，而飼養的貓咪愈多，得準備的避難行李就愈多。

真心覺得讓愛貓獨自看家太寂寞時，請先準備能夠自己玩的玩具吧。某場研究發現很多有「分離焦慮症」的貓咪其實都沒有適當的玩具，所以請各位多方嘗試漏食球、迷宮餵食器、聚酯纖維隧道或「貓踢枕」等，找出愛貓喜歡的玩具吧。

必須確保個別的隱私空間

家裡已經飼養兩隻以上的貓咪時，就請仔細觀察貓咪之間處得如何？有沒有被排擠的貓咪？

這邊就介紹幾項代表貓咪處得很好的重點。

- 尾巴會交纏
- 會互相碰鼻子打招呼
- 頭部或臉部會互相磨蹭（在有費洛蒙分泌腺的部位互相沾染氣味的意思）
- 互相理毛（僅單方面的理毛，代表彼此間有上下關係）
- 會一起睡覺或是放鬆時會黏在一起

相反地，感情不睦時就會出現下列行為。

- 互相出拳或是互咬
- 展現優越感（騎在某一方背上）
- 貓咪互瞪的同時，其中一方不斷退縮
- 耳朵打橫（飛機耳）或是尾巴下垂

簡單來說，並不是「沒有看到打架」就等於「感情很好」，各位必須特別留意的是「兩貓乍看感情很好，實際上互相戒備」的狀況。即使貓咪會一起吃飯或睡覺，也可能是因為沒有依貓咪數量，準備相應的用餐位置與喜歡的貓床，才會讓牠們不得不共享資源（當然，大部分情況都像前面介紹的一樣，只是感情好才會共享）。

光是和討厭的人同住一個屋簷下就令人難受得不願想像了，更何況還得睡在同一張床上，而這點對貓咪來說也是一樣的。所以儘管貓咪睡在一起，彼此間卻又稍微隔出一小段距離時，各位就必須特別注意了。和處不來的貓咪一起生活，或許會讓愛貓在飼主沒有察覺的情況下，累積相當大的壓力。

為了避免對愛貓造成如此壓力，請為每隻貓咪準備好各自的隱私空間。最理想的狀況，就是依貓咪數量準備相應的房間數，且每個房間都要有一組餐具、貓砂盆與休息位置。如此一來，貓咪就能夠完全避開其他貓咪的視線，有助於將霸凌或壓力因子減輕至最低程度。

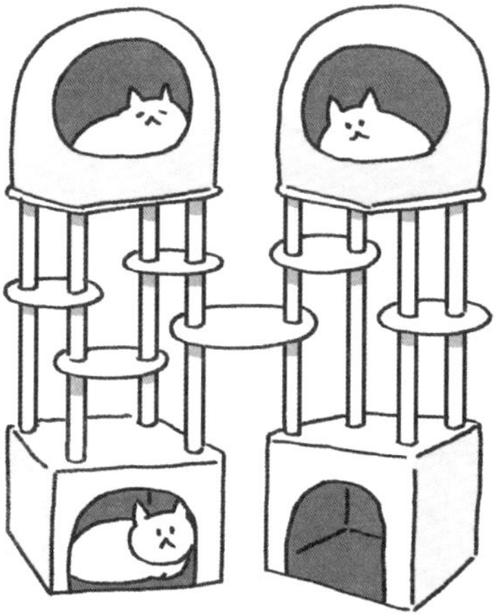

但是無論多麼為愛貓著想，要為每隻貓咪準備各自的房間卻不是件容易的事情。這時請藉書架或貓跳台等善用「縱向空間」，為愛貓們準備「各自的領域」吧。事實上有研究報告指出，光是在房間正中央設置隔間用的櫃子，就大幅減少了貓咪打架（敵對行為）的次數。所以在選購貓跳台的時候，挑選如櫃子般設有隔板或是有許多躲藏處的商品，也能夠有效減輕貓咪的壓力。

無法為每隻貓咪準備各自的房間時，其實依小團體的數量分配也足以見效。而有血緣關係的貓咪通常會建立緊密的關係，這時就不一定要分配各自的房間了。

此外想必不少多貓家庭的飼主都費盡千辛萬苦在做飲食控管吧？依貓咪年齡分別準備了幼貓、成貓與熟齡貓專用的飼料，或是只有特定貓咪得食用處方食品時就得煞費苦心。這時建議在餵食的時候把貓咪分開，或是在各自的籠中或房間裡餵食，並且親自盯著貓咪吃完後撤掉，才能夠避免殘食被其他貓咪吃了。實在無法下這些工夫時，則建議用紙箱做成如上圖般的隔間。

排泄方面的控管又更加困難了，唯一的解法恐怕只有仔細觀察而已。市面上有種「智能貓便盆」，能夠透過項圈或臉部辨識區分貓咪，以極佳的效率監控貓咪的排尿量、排泄次數與體重等。但是這樣的雙層便盆，儘管設計有助於節省空間，但是為了做好「健康管理」卻退而求其次選擇較不符合貓咪需求的便盆，個人認為是本末倒置。所以希望貓便盆能夠持續進化出真正「為貓咪著想」的設計，不要再只是為了滿足人類需求。

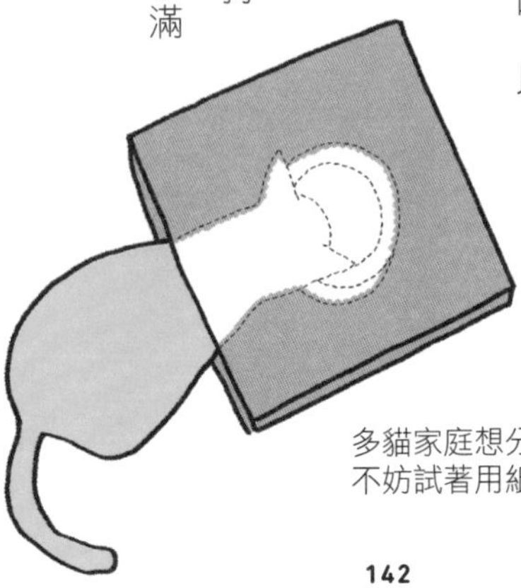

多貓家庭想分開餵食時，
不妨試著用紙箱打造隔間。

帶著愛貓即刻避難——你辦得到嗎？

近來異常天氣與地震頻繁，什麼時候遇到災害都不奇怪。各位在擔心自己該怎麼從災害中保護愛貓之餘，是否遲遲沒有制定出具體的策略呢？能夠在緊急時刻保護寵物們的，只有飼主平常的準備。接下來將介紹與愛貓一起避難時必備的正確知識與防災用品，請各位藉此機會做好準備吧。

首先最根本的問題是，我們真的能夠帶著愛貓去避難嗎？日本將和寵物一起前往避難所概分成兩類。

①同行避難：與寵物待在同一個避難所的不同區域

②同伴避難：在避難所時可以將寵物放在身邊

提到「與寵物一起避難」時，大多數人想像的都是②的這種同伴避難吧？但是我親自致電給幾個地方行政單位確認後，發現大多數的避難所提供的都是「同行避難」，而不是讓飼主與寵物待在一起的「同伴避難」。

事實上二〇一六年發生的熊本地震中，成功進到避難所室內的寵物只有三成，剩下的七成都是待在戶外或是車上。盛夏或嚴冬卻不得不待在戶外時，也令人不禁擔心起寵物的健康狀況。

從這些現況來看，除了「同行避難」外也對「在自家避難」或「託熟人照顧」等方案做好準備是非常重要的。所以請各位平常就確認好自家的耐震強度、當地的災害潛勢地圖（淹水、土石流等災害的風險）等，並想好當自宅出狀況時，有沒有安全的高處等可以寄養寵物。

透過這次採訪地方行政單位後得知的另一大重點，就是大多數都「沒有準備籠子」。也就是說，即使可以實現「同行避難」，仍必須將貓咪關在狹窄的外出籠裡。為了因應這個情況，飼主必須自行準備愛貓待的籠子。

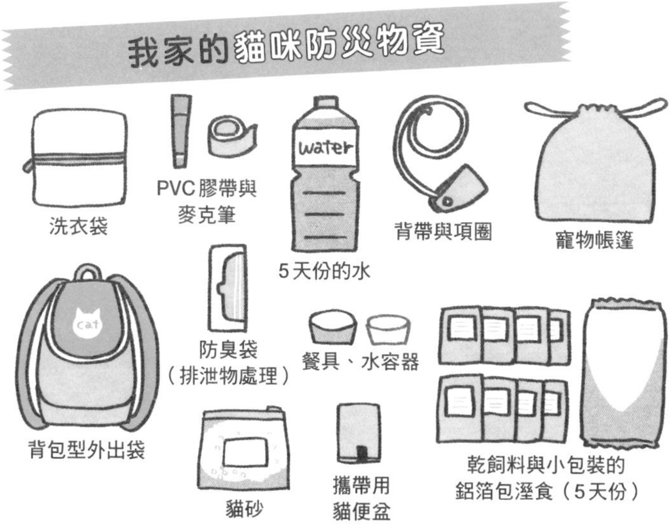

※必要時也應備妥處方食品與藥物。

我家在了解這些情況後，就準備了如上圖的防災物資。

東日本大地震時就發生過因為運輸寵物救援物資的車輛，無法被列為救災車輛，使得寵物食品花了很長一段時間才送到飼主手中，所以請至少準備五天份的貓食與水吧。另一方面，考量到環境變化造成的壓力，可能會使貓咪更不願意喝水，所以同時備妥溼食也能比較安心。這邊當然可以準備罐頭，不過建議選擇較不占空間的鋁箔包型。愛貓有在吃藥或處方食品時，當然也必須準備齊全。雖然救援物資中也包括了處方食品與藥物，但是無法保證適用愛貓的狀況。

為了讓愛貓能夠在避難所過得舒適一點，也請準備可折疊的寵物帳篷充當籠子，以及攜帶型的折疊貓便盆。雖然最理想的貓砂是礦砂，但是考量到徒步避難等狀況，建議將輕盈好處理的紙砂等裝在夾鏈袋備用。

待在避難所的期間，原則上要為愛貓穿戴背帶與牽繩，做好萬全措施會比較安心。若只有戴項圈的話，貓咪容易掙脫逃出，所以請盡量選擇連身體都能夠穿戴的背帶，不要只準備項圈。

此外即使愛貓平常個性很沉穩，遇到災害這種與平常不同的狀況，也可能陷入恐慌而表現出意外舉動，所以建議準備洗衣袋以防萬一。餐具則不妨選擇髒掉後可以直接丟掉的塑膠容器或紙盤。

平常循序漸進地為愛貓做好心理準備，也是很重要的防災策略。

首先請讓愛貓熟悉籠子吧（參照203頁），這邊建議平常就將外出籠或籠子擺在室內當成愛貓的躲藏處。此外避難所也會出現其他動物，緊急情況下衛生狀態&營養狀態變差以及壓力都可能造成貓咪免疫低下，所以平常做好預防針接種、驅蟲與心絲蟲預防是很重要的。有些避難所也會規定只有做好傳染病預防的寵物才可以帶在身邊。

災害時或避難時很常發生寵物逃脫事件，所以請為愛貓穿戴防走失名牌並施打晶片吧。

假若災害是在外出時降臨，造成飼主與愛貓在不同地點遇災的可能性其實並不低。東日本大地震時，光是東京都的中心地區，就有五百一十五萬人無法在當天趕回家中。最令人難過的是，有許多寵物因為在飼主外出時遇到天災，結果就這樣失去生命了。所以也請各位事先設想好，萬一愛貓必須獨自面對災害時該怎麼辦？此外，如果因為擔心愛貓而強行趕回家的話，這下就換成飼主的性命暴露在危險之中了。

為了讓愛貓在災害中，也能夠平安等到飼主的救援，請做好下列防災策略。

- 固定家具避免傾倒
- 窗戶玻璃貼好防爆膜
- 使用自動餵食器
- 日常就應備妥水與臨時用的排泄用具

貓咪無法自行避難也無法做防災準備，唯一能夠依靠的只有飼主。所以請各位以本書為契機，重新檢視自己的防災策略有哪裡不足吧。市面上也有許多與寵物防災的相關知識，請各位務必參考。

由愛貓主導距離感也是一種愛

人類與貓咪之間的關係，在家貓的幸福生活中，也占有相當重要的地位。相信二〇二〇年開始很多飼主受到新冠肺炎的影響，待在家中的時間變長了。

「和最愛的小喵一起工作，簡直是夢幻生活！」我也曾因為居家工作時間增加而如此認為，但是或許對貓咪來說，平常理應可以獨處的時間，卻不得不跟飼主待在同一個空間裡，反而產生更大的壓力。事實上，隨著日本政府頒布緊急事態宣言（請求國民避免外出的宣言）後，因壓力影響健康狀況而求助醫院的貓咪數量增高一事，也在獸醫之間引起話題。或許正是處於如此時代，更應重新檢視自己與愛貓之間的距離感。

基本上貓咪屬於「晨昏性動物」，在清晨與黃昏這兩個時段會特別活潑。所以平常家庭成員上班上課的白天，貓咪通常一直在睡覺。這段時間過度打擾貓咪的話，會嚴重破壞牠們的作息。

此外也要特別留意這段期間與愛貓的相處方式。看到可愛的愛貓近在眼前，難免會想抱緊處理或是把臉埋到貓肚上「吸貓」，但是其實大多數貓咪都討厭這類舉動。飼主單方面的糾纏，對重視自我步調的貓咪來說，有時候是相當困擾的，實在令人傷心。

我也疼小喵疼得不得了，所以非常明白那種忍不住揉貓的心情，但是仍會咬牙忍住，刻意只在小喵靠近時互動，白天則盡量各過各的。雖然這麼做有點寂寞，不過至少工作相當順利（笑）。小喵總是會在窗邊的書櫃上大睡特睡，等傍晚才懶洋洋地起床晃過來撒嬌，這時我就會對小喵說說話、揉揉小喵，或是陪牠玩耍。揉貓的時候，專挑臉頰或下巴等分泌費洛蒙的部位撫摸，貓咪會非常開心喔。我相信只要能夠避免過度打擾貓咪的作息，在彼此都不會感到勉強的情況下「讓貓咪決定彼此之間的距離」，就能夠構築出更良好的關係。

這邊想一併提醒各位的，是與貓咪親吻這種帶有風險的錯誤疼愛表現。不僅貓咪討厭這種行為，飼主也會有染上人獸共通傳染病的風險。貓咪口中有形形色色的病原菌，二〇一八年的日本就有六十多歲的女性感染棒狀桿菌（Corynebacterium ulcerans）而過世，據信就是從貓咪身上傳染到的。此外，人類感染螺桿菌屬的幽門螺桿菌後會引發癌症——胃黏膜相關淋巴瘤（Mucosa-associated lymphoid tissue, MALT），而最新研究顯示五成的家貓都帶有這種細菌。此外巴氏桿菌是貓咪百分之百會有的正常菌叢，傳染途徑有被貓咪咬傷、與寵物親吻、嘴對嘴餵食等。所以這邊要再次提醒各位，想要和貓咪一起過著舒適的生活，就務必維持適當的距離。

插畫家OKIEIKO的

請告訴我！NYANTOS醫師 之3

貓咪有「歡迎回家High」……

為愛貓準備獨自看家時可以玩的玩具

OKIEIKO（以下簡稱O） 我家魩仔魚只要遇到家裡的人都外出，獨自看家的時間長了一點，我們回到家裡時都一定會迎來非常激烈的「歡迎回家High」……

NYANTOS（以下簡稱NY） 牠會做出什麼事情呢？

O 我們出門後牠好像會一直碎碎唸，尤其晚上特別嚴重，等我們回家後就會亢奮得不得了。

NY 這或許是「分離焦慮」的症狀之一。近年罹患分離焦慮症的貓咪有增加趨勢，所以推測可能是很多飼主都採完全室內飼養，大幅拉近彼此間的距離所致，但是真正的原因仍有待研究。更何況每隻貓咪的所處環境與性格也大不相同，所以不能一概而論。

O 原來如此～我從來沒有想過分離焦慮症這個可能性。

NY 貓咪罹患分離焦慮症時，會出現過度鳴叫、暴衝、破壞物品等各式各樣的症狀，有時候還會排尿在廁所外面。

O 我該怎麼緩和魩仔魚的症狀呢？

NY 其中一個不錯的方法，就是為魩仔魚準備獨自看家期間也能玩的玩具。這邊很推薦每次滾動會掉出少許飼料或零食的「漏食球」，其他還有貓踢枕、貓隧道（建議選擇碰到時會沙沙作響的材質）等也不錯，這些都是貓咪可以自己玩的玩具，可以幫助減輕牠們的壓力。

O 稍微檢索一下，就找到好多商品喔，趕快買回來試試看吧。

NY 趕快買吧。但是在為貓咪挑選新玩具時，別忘了選擇獨自看家時也能玩得安全的類型喔！

試著用飼主衣服或毯子

NY 另外也可以在貓咪活動的範圍，擺放沾有飼主氣味的衣物或毛毯。

O 沒想到我的味道能夠讓鮪仔魚感到安心……真是太感人了。

NY 再來就是要避免做「外出宣示」了。

O 什麼是「外出宣示」？

NY 準備出門時，會忍不住對貓咪說聲「我出門一下喔」「在家要乖乖喔」對吧？

O 這種事情我做得非常多……我還以為這樣比較好。

NY 目前已知自然而然出門，有助於改善狗狗的分離焦慮。貓咪領域則因為近年才知道牠們也會有分離焦慮，所以這些方法的效果仍是未知數，但是我認為有一試的價值。

O 原來自然而然出門比較好啊！

NY 不要說什麼「我出門囉～」，靜悄悄出門或許比較好（笑）

O 讓牠發現時家裡已經沒人了比較好對吧？

NY 沒錯。

O 我了解了。順道一提，為什麼貓咪排便前後也會出現「便便High」呢？

NY 關於上完廁所暴衝的原因眾說紛紜，同樣是至今尚未解開的謎團。但是或許是貓咪想向飼主宣示「我要大便囉！」的行為也不一定（笑）。貓咪實在是種渾身上下充滿了各種謎團的生物。

※便便High（＝上完廁所暴衝）會於第四章的172頁詳加解說。

第 4 章

最新研究與貓咪雜學

疑難雜症的治療研究，馬不停蹄進行中！

貓咪疾病中有不少依現代獸醫學尚難以根治的類型，相信肯定有飼主正祈禱著新療法與新藥的登場吧？我也是致力於該領域研究的一員，沒有一天不竭盡全力，想著能救一隻是一隻。事實上動物疾病方面的研究每天都有進展，這邊要向各位分享一二，期待大家能夠對未來的動物醫療抱持希望。

本章要介紹的就是貓咪常見疾病的最新研究，後半則會談到尚有許多謎團的貓咪行為與生態。

新藥「AIM」能夠有效對抗腎衰竭？

高齡貓常見死因中與癌症並駕齊驅的正是慢性腎衰竭。眾所周知，貓咪比人類、狗狗更容易罹患腎臟相關疾病，詳細機制尚不明朗，因此也無法確立有效的治療，使這個問題成了動物醫療中的重要課題之一。

二〇一六年東京大學醫學系宮崎徹教授的團隊，就宣布解開了一部分貓咪容易罹患腎臟相關疾病的機制。

這個團隊以前曾發現免疫細胞分泌的蛋白質——AIM（Apoptosis inhibitor of macrophage）。AIM有助於去除體內廢物（細胞屍體），尤其能夠防範細胞屍體累積在腎臟，所以具有保護腎臟的功能。後來團隊聽到認識的獸醫表示：「貓咪容易罹患腎臟方面的疾病。」於是便開始思考貓咪的腎臟疾病是否也與AIM有關。

因此他們仔細研究了貓咪的AIM，發現貓咪的AIM會與另一種免疫球蛋白M緊緊結合，導致AIM無法確實發揮功效。實際將貓咪的AIM給與有急性腎損傷的老鼠後，發現老鼠的腎臟損傷明顯惡化。

透過這個結果可以發現，貓咪容易罹患腎臟方面疾病的原因，可能是AIM

沒有確實發揮功效，導致細胞屍體堆積在腎臟並造成堵塞。於是導出了為貓咪提供正常AIM或許有助於預防腎臟疾病或減緩惡化的結論。宮崎徹教授於採訪中表示會努力在二〇二二年開發出藥物。

考量到許多貓咪都苦於腎臟疾病的現況，AIM簡直是夢幻之藥。然而當前仍有許多課題要面對，像這次實驗證明的是「AIM對急性腎損傷的療效」，所以對於已經進入慢性腎衰竭階段的療效仍有待驗證。此外該藥物上市後，價格能否控制在貓咪可以廣泛使用的程度，也是一大關鍵。

不管是哪一種問題，可以肯定的是已經確認了AIM的有效性，等藥物上市後肯定能夠大幅改變貓咪的腎臟治療環境。我身為研究者的一員，也期許自己能夠交出這種能夠拯救許多貓咪性命的研究成果。

緩解貓傳染性腹膜炎的新藥

「貓傳染性腹膜炎」（FIP）是現代動物醫療仍無能為力的疾病，也就是所謂的「不治之症」。然而二〇一九年四月發表了FIP的新藥，人們對於FIP的治療抱持莫大的期許。

FIP是發病後數天至數週內會死亡的恐怖疾病，主因「貓冠狀病毒」（與新冠病毒不同）主要透過糞便傳染，通常感染了也只會引發輕微腹瀉，幾乎沒有症狀。但是這種病毒會在部分貓咪體內產生突變，從「貓冠狀病毒」轉變成「FIP病毒」，進而形成貓傳染性腹膜炎。

變異前的貓冠狀病毒只會感染腸道，轉變成FIP病毒後連免疫細胞之一的巨噬細胞（Macrophage）都逃不過魔爪。巨噬細胞是會攻擊細菌或病毒等病原體的細胞，但是感染FIP病毒後就無法自我控制，無論是否遇到病原體都會反應劇烈，引發會對身體造成極大損傷的極強烈炎症，且症狀會急遽惡化，幾乎百分之百致死。據說平均生存天數只有確診後9天。

許多獸醫與研究學家都想了各式各樣的治療法，試圖改善這種絕望的狀況，但是已經很長一段時間都沒有找到有效的療法。至今的FIP治療都以緩和症狀為主（對症治療），無法殺死根源的FIP病毒。因此即使能夠稍微改善症狀，卻幾乎無法延長貓咪的性命。

二〇一九年四月，一道曙光照射在如此黑暗之中。

加州大學戴維斯分校（UC Davis）的研究團隊發表了新藥「GS-441524」，據信可望成為FIP的特效藥。這款新藥具有前所未有的效果，那就是「直接抑制FIP病毒的繁殖」。團隊讓培養皿培養出的細胞感染FIP病毒後，再施以「GS-441524」後驗證了強大的FIP繁殖抑制效果。因此研究團隊展開了臨床實驗，欲驗證這種藥物對貓咪FIP的實際功效。

參加臨床實驗的有31隻貓咪，全部都是在自然狀況下罹患FIP的貓咪。團隊花了12週的時間，每天餵食一次「GS-441524」，結果其中有26隻貓咪獲得緩解（雖然尚未根治，但是抑制了病情的發展），而且在研究報告發表後存活將近2年的時間。相較於確診後僅能存活9天的過去，可以說是獲得了前所未見的療效。

遺憾的是，「GS-441524」在現階段仍未受核可，基本上不能用在市面上的治療。有些動物醫院會透過中國黑市引進非正規品，但是可能還需要一段時間，才能夠獲得日本政府的認證成為一般貓咪可用的藥物。

目前無法完全預防FIP的發作，且許多貓咪本身就具備造成FIP的貓冠狀病毒，因此以現況來說仍難以預防愛貓感染。所以我們只能盡力防止貓冠狀病毒轉變成FIP病毒，也就是要避免貓咪承受壓力或是免疫低下。下列是特別容易罹患FIP的貓咪類型，請這類貓咪的飼主多加留意。

・1～3歲的年輕貓咪
・純種貓咪（從個人經驗來看，純種貓咪的病例真的很多）
・與其他貓咪同居、飼養環境變化等因素造成壓力的貓咪
・感染了貓免疫不全病毒（FIV）或貓白血病毒（FeLV）等會造成免疫低下的病毒者

「GS-441524」堪稱是劃時代的新型治療藥，相信能夠大幅改變FIP的治療環境現況吧？希望醫院能夠早點透過正規管道取得最新型藥物，拯救正苦於FIP的貓咪們。

改善貓咪過敏的疫苗與飼料

接下來要介紹的內容，對於「喜歡貓咪，卻對貓咪過敏」的人來說，或許是

個很好的消息。那就是全球的研究團隊正努力開發出能夠減緩對貓咪過敏的新方法。

為什麼對貓咪過敏時會打噴嚏流鼻水呢？據說大部分的情況，都是對貓咪身上一種叫作「Fel d1」的分子產生反應。這種分子主要出現在貓咪的唾液，會透過理毛等行為透過唾液沾染到被毛上。而沾有此分子的貓毛在空氣中飛舞，隨著呼吸進入人體就會產生過敏症狀。所以科學家推測只要能夠減少「Fel d1」，理應能夠抑制對貓過敏的問題。

有好幾個研究團隊都發表了這類減少「Fel d1」量的劃時代解法，其中瑞士的研究團隊就開發了從貓咪體內去除「Fel d1」的疫苗。為貓咪接種疫苗能夠誘發身體對「Fel d1」的強烈反應，成功減少六成以上的量，且沒有出現明顯副作用。

此外，普瑞納寵物食品公司則開發了「混有「Fel d1」抗體的貓飼料」，混在飼料中的「Fel d1」抗體會在貓咪口腔唾液中與該分子結合，結果最多將附著在貓咪身體上的「Fel d1」減少了47%。

無論是哪種方法，都無法完全去除「Fel d1」，所以很難完全避免過敏症狀，但是應該能夠有一定程度的減緩效果吧？不管怎麼說，對貓咪過敏的問題確實是人類與貓咪共存的障礙，只要減少過敏因子，就有更多的人能夠養貓。我由衷期望這種技術的開發，能夠讓那些被棄養後無處可去的貓咪也能找到幸福。

「大叔坐姿」其實是關節炎太過疼痛所致

近年來純種貓咪的飼養數量似乎增加了，其中尤以蘇格蘭摺耳貓特別受歡迎，是日本第二多的品種貓。蘇格蘭摺耳貓受歡迎的原因，不外乎是摺起的耳朵搭配圓滾滾的臉蛋，還有那猶如大叔的坐姿等行為吧？

但是各位知道嗎？蘇格蘭摺耳貓的「可愛」背後，其實暗藏著病魔的折磨。

這種疾病名為「軟骨發育不良」（Osteochondrodysplasia），簡單來說就是軟骨突變後變硬的疾病。很受歡迎的摺耳特徵就源自於耳軟骨硬化，這種異常也會出現在四肢的關節軟骨引發關節炎。因此蘇格蘭摺耳貓遲早會罹患關節炎，也就是身體總是有某處疼痛的狀態。而「大叔坐姿」就是牠們為了減輕體重對關節造成的負擔，不得已採取的坐姿。

不過，現在有許多來自世界各地的團隊，希望能透過研究，幫助蘇格蘭摺耳貓從關節疼痛當中解脫。

像日本就有研究報告顯示，治療癌症所使用的放射線治療，有機會減緩蘇格蘭摺耳貓的關節炎疼痛，雖然提供的病例僅3例而已，但是均成功緩和了全身的症狀。現在的主要治療法是開立止痛藥，但是長期服用所造成的副作用令人擔憂，因此想必不少人都引頸期盼著新療法。只要未來治療病例持續增加，再透過長時間的追蹤確認療效的話，或許就能夠成為新的治療選項。此外國外也已經確認蘇格蘭摺耳貓的問題，與關節炎主因的TRPV4基因突變有關。世界各地的研究團隊，正努力著解析這種疾病並摸索著新型療法。

已經養了蘇格蘭摺耳貓的人，請先留意避免對貓咪的關節造成負擔吧。像是不要讓貓咪發胖、在貓咪通往高處的路徑增設緩衝物、鋪設柔軟又不容易打滑的地板材等日常的保養都相當重要。

這邊並不打算苛責飼養蘇格蘭摺耳貓的飼主，只是儘管開發療法也很重要，但是更重要的是別再讓苦於關節疼痛的蘇格蘭摺耳貓增加了。只要各位繼續說著「大叔坐姿好可愛！」，蘇格蘭摺耳貓的繁殖就不可能停止，所以我希望盡力讓更多人知道蘇格蘭摺耳貓的痛苦。

預防萬一，請先確認愛貓的血型

各位知道愛貓的血型嗎？相信很多人這才注意到自己並不清楚吧？事實上貓咪的血型也是最好先查明以備不時之需的資訊之一。

人類的血型有A型、B型、O型與AB型這四種，貓咪則只有A型、B型與AB型，沒有O型。而且貓咪的血型比例非常極端，有八九成的貓咪是A型，剩下的一兩成為B型，AB型的貓咪則相當罕見。此外，血型的比例也會隨著品種有些許差異，例如美國短毛貓與俄羅斯藍貓就幾乎百分之百是A型，英國短毛貓等則是B型比例較大。

這種血型的極度偏重，有時也會成為治療的難關。

舉例來說，貓咪生病或是開刀導致需要大量血液時就

貓咪的血型比例

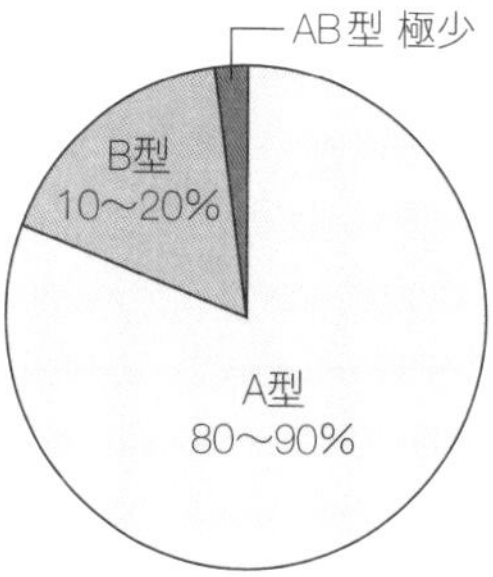

※沒有O型。

必須輸血，如果貓咪是A型的話就比較容易配對到捐血的貓咪，B型就沒那麼容易了。畢竟B型的貓咪只有一成左右，所以得費盡千辛萬苦才找得到能夠供血的貓咪。以狗狗來說的話，因為有體型特別大的大型犬，所以有機會一次取得較大量的血液，但是貓咪再怎麼大也頂多5、6公斤。出血量比較大時，可能得在幾天內多次輸血，這時僅有一隻B型貓是不夠的。而且將A型血液輸給B型貓咪時，身體會出現非常強烈的抗拒反應，嚴重時甚至可能致命，所以絕對不可能用B型以外的血型應急。

等需要輸血的時候才知道貓咪是B型，病情可能會在尋找捐血貓的時候惡化，有時等找到也為時已晚了。動物醫院就能夠幫忙驗出貓咪的血型了，所以建議各位在讓愛貓接受健康檢查時順便驗一下，並與日常往來的醫生討論一下。如果貓咪是B型的話，也可以考慮邊尋找其他的B型貓咪以防萬一。我就曾有認

識的人因為貓咪是B型，結果需要輸血時一直找不到可以用的血，幸虧後來偶然發現附近有B型貓咪才沒有釀成大事……。順道一提，我當時趕緊讓小喵驗血，結果發現是多數派的A型。

此外想讓愛貓生小孩的時候，也必須特別留意血型。因為A型幼貓喝到B型母貓的初乳時可能會破壞紅血球，所以必須事前確認母貓的血型才行。

由此可以看出，動物醫療完全沒有建構出該輸血的時候就輸血的體制，為了克服現狀，二〇一八年日本的中央大學就宣布已開發出貓咪的「人造血」，最驚人的是，由於是與日本宇宙航空研究開發機構（JAXA）的共同研究，所以這場人造血的開發基礎是在太空站「希望」裡所做的實驗。

太空站的無重力空間適合打造出高品質的蛋白質結晶，團隊運用這項優勢解析了貓咪的白蛋白（血液中蛋白質）構造，並依這份解析出來的數據，開發出人造血「HemoAct-FTM」——會以貓咪的白蛋白包裹運送氧氣用的血紅素，如此一來，貓咪的身體便會將其判斷成「安全物質」。HemoAct-FTM沒有血型之分，能夠輸血給所有貓咪，也沒有感染病毒的風險。當時研究團隊目標在五年內上市，或許不久的將來所有動物醫院都會備妥貓用人造血，隨時供應給需要的貓咪，讓我們期待今後的科技發展吧！

貓咪也有慣用手？

各位知道貓咪和人類一樣都有慣用手嗎？我們人類以右撇子居多，左撇子比較少數。但是貓咪的左右撇子比例與人類似乎完全不同。

有場研究找來44隻貓咪調查慣用手，花了三個月的時間觀察牠們吃飯、下樓梯與跨過物品等行為，確認牠們最常用的是哪隻手，結果確認了約六、七成的貓咪有所謂的慣用手。再進一步研究這些有慣用手的貓咪，發現公貓比較多左撇子，母貓則較多右撇子。由此可以看出，雖然貓咪與人類一樣有慣用手，且會隨著性別等產生差異，但是並不像人類那樣偏重於「右撇子」。此外還有四分之一以上的貓咪，是沒有特別慣用哪隻手的「雙刀流」，實在是饒富興味。

近來有實驗試著從慣用手推測貓咪的性格，結果發現雙刀流的貓咪有比較害羞且神經質的傾向；有慣用手的貓咪則有較活潑親人的傾向。此外慣用手也依貓種出現大幅差異，例如孟加拉貓就有八成以上是左撇子。再從神經控制的角度來看，據信左撇子貓咪比較常運用右腦，透過其他動物的慣用手研究也已經確認右腦與積極性有關。或許孟加拉貓有較多左撇子的特點，與牠們充滿活力又富野性的氣質息息相關。如果我們可以像這樣透過貓咪的慣用手推測他們的性格，或許會有助於整頓收容所環境等，可望提升貓咪福祉。

得知這些資訊後，各位也會很想知道愛貓的慣用手對吧？最適合用來確認貓咪慣用手的方法，就是「在迷宮餵食器中放置零食，並記錄愛貓通常用哪隻手在掏食物」。剛才介紹的研究反覆使用這個方法50次，以確認貓咪各自愛用哪隻手。據說觀察貓咪下樓梯或是進廁所時的第一步，也有助於看出貓咪的慣用手。只憑一兩次的觀察很難做出正確判斷，所以請各位連續觀察幾天吧。

順道一提，我家小喵是左撇子，這在公貓中屬於多數派。不過牠的個性完全稱不上積極還是狂野，反而是個怕寂寞的愛吃鬼（笑）。所以要從慣用手預測性格恐怕還是頗難，但仍期待今後的研究

為什麼會「便便High」？依然是貓咪謎團之一

貓咪上完廁所後亢奮地跑來跑去，也就是所謂的「便便High」，其實是貓咪所有行為中最謎樣的一種。原本很放鬆的動物突然像按下開關一樣，突然變得亢奮或是暴衝的行為，在歐美稱為「Zoomie」（隨機活動期），是貓狗相當常見的正常行為。「便便High」或許也是Zoomie的一種，而排泄正是從放鬆轉換成亢奮的刺激。

那麼為什麼貓咪上完廁所會突然變得亢奮呢？「為了能夠立刻逃開天敵的追蹤。」「為了避免沾染糞便的氣味。」理由眾說紛紜，但是真相仍尚未解明。

據說包括便便High在內的Zoomie，特別容易出現在幼貓與年輕貓咪身上。基本上這些都是正常的行為，所以不需要擔心「我家孩子是不是有問題」。但是高齡貓突然亢奮、夜間完全不睡、體重減輕、食慾異常增減時就可能是甲狀腺機能亢進，建議諮詢平日往來的獸醫。

有些貓咪會因為便祕或膀胱炎等疾病在排泄時覺得不舒服，所以上完廁所會特別躁動，看起來就像便便High。所以也請確認貓咪是否有排泄困難，或是排泄物裡面有沒有摻雜血液，有那裡覺得不對勁時都請諮詢獸醫。

貓咪也會做夢？

冒昧請問各位，你們知道貓咪日文「Neko」的由來嗎？有人推測是從「寢

〔非快速動眼期〕

〔快速動眼期〕

子」（發音同為Neko，意指睡覺的孩子）衍生出來的。確實貓咪整天都在睡覺，據說可以達14～15個小時以上。這麼長的睡眠時間，或許是源自於野生時代必須為狩獵儲存體力的習性，不過對於睡整天也會有飯吃的家貓來說，保存這些體力到底是為了做什麼呢（笑）。雖然難免會懷疑貓咪睡得太誇張了，不過欣賞牠們的睡顏其實也是飼主的一大樂趣。貓咪的睡相十分療癒，就請各位睜一隻眼閉一隻眼吧。

各位看著睡眠中的愛貓時，是否曾發現牠們的鬍鬚或鬍鬚墊顫動，或者是肉球抓握的模樣呢？這種模樣乍看很像痙攣，所以曾有擔心的飼主對此提出諮詢，不過這其實可能是貓咪在作夢。尤其貓咪朝著側邊縮成一團睡覺時，通常屬於「快速動眼期」，也就是腦部活動仍很活絡的淺眠狀態。人類的睡眠週期主要也會在快速動眼期作夢，所以想必貓咪側躺睡覺時也是在作夢吧？很想知道牠們究竟做了什麼夢對不對？我們會不禁想像貓咪是不是夢到在玩玩具，或是開心地到處奔跑，不過真相如何也只有貓咪才會知道了（笑）。

出乎意料地，貓咪的「非快速動眼期」其實是發生在趴睡或是四肢都收在身體下方睡覺的時候，和我們以為的情況完全相反。這或許是因為貓咪在野生時代的生存環境危機四伏，維持能夠隨時行動的姿勢，大腦才能夠真正放鬆休息的緣故，才造就如此生理特徵吧。

據信人類睡眠不規律或是生理時鐘亂掉，將會提高罹患各種疾病的風險。然而，目前尚無針對貓咪睡眠或生理時鐘的研究，所以還不明白這方面與疾病的關聯性，唯一能夠肯定的是不應該破壞貓咪的步調。尤其貓咪與習慣在白天活動的人類不同，屬於晨昏型動物，所以請為愛貓打造能夠在白天安心休息的環境吧。

對著野鳥發出「喀喀喀」，是在模仿鳥叫聲？

各位是否有看過愛貓看著窗外野鳥，嘴巴快速動個不停，並且發出「喀喀喀」或「嘎嘎嘎」的聲音呢？在日本因為近似機械音「Clicking noise」而稱為Cracking，英語圈則稱為Chattering。很多人解釋這可能是貓咪看得到卻抓不到而氣得牙癢癢，不過有報告顯示「模仿鳥叫聲」的說法比較具可信度。

有學者在亞馬遜河流域觀察一種貓科動物「長尾虎貓」，發現牠們會模仿當地幼猴的聲音，發出「喀喀喀」的叫聲引誘對方靠近。他們推測貓科動物會在狩獵時模仿獵物的叫聲，而現代家貓會這麼做或許就是源自野生的天性。有些貓咪不僅看到窗外野鳥會這麼做，連玩遊戲時也會發出「喀喀喀」的聲音，由此可以肯定這種聲音與狩獵之間有著關聯性。順道一提，我完全沒看過我家小喵表現出這種行為，看來牠的野性已經完全消失了……。

飼主對貓咪來說猶如「貓媽媽」

「貓咪都是怎麼看待飼主的呢？」

想必只要是與貓咪生活在一起的人，任誰都曾浮現過如此疑問吧？或許是很多人隱約覺得自己好像被貓咪輕視了，所以就衍生出「貓咪覺得飼主是沒用的大貓咪，所以很看不起飼主」這種說法（笑）。

各位認為貓咪實際上是如何看待飼主的呢？對貓咪來說，飼主真的是「奴才」嗎？

確實貓咪與過著群體生活的狗狗不同，猶如荒野一匹狼，散發出喜好孤獨且帶刺的形象。但是近來已經透過研究發現，貓咪其實也深愛著飼主。

二〇一七年的某場研究為貓咪同時提供了四種選擇（食物、玩具、氣味、與人類的交流），藉此調查貓咪最喜歡哪一種活動。結果發現38隻貓咪中，有19

隻（正好一半）貓咪都把大部分的時間用在與人類的交流。由此可以判斷，大多數的貓咪都喜歡飼主勝過於食物與玩具。

此外還有一場研究讓貓咪暫時待在陌生房間裡，藉此調查飼主回到房間後貓咪會出現什麼反應，結果發現三分之二的貓咪都立刻靠近飼主，接著才開始探索房間，探索完後又會回到飼主身邊，由此可以確認貓咪在陌生的不安環境下同樣依賴著飼主。貓咪就像這樣深愛著飼主，絕非看不起或是會耍著飼主玩。

那麼飼主在貓咪心目中，究竟擁有什麼樣的地位呢？

在動物行為學領域相當有名的約翰布萊蕭（John Bradshaw）博士認為：「貓咪或許並沒有將人類當成什麼特別的存在，而是視為同族的『貓咪』。」因為狗狗之間玩耍的方式，與狗狗面對人類時截然不同，但是目前尚未觀察到貓咪面對人類時的行為，與貓咪之間的相處有什麼差異。

確實如同布萊蕭博士的說法，貓咪實際上並未給予人類什麼特別的待遇。不過目前研究也已經發現，貓咪面對人類時的溝通方式，明顯與貓咪之間的交流大不相同。

大家都看過貓咪向飼主要求什麼或是撒嬌時喵喵叫的模樣對吧？這種喵喵叫的方法乍看是貓咪與生俱來的溝通方式，但是其實成貓之間主要是以費洛蒙等氣味交流，幾乎不會對彼此喵喵叫。貓咪之間會出現這種叫聲的，只有幼貓在對母貓要求什麼或是撒嬌時。有人針對貓咪叫聲進一步研究後，也證實了這種說法。現代家貓的叫聲比非洲野貓的叫聲還要「高音且短促」，音質較接近幼貓。由此可推測出家貓是以幼貓時期的溝通方式在向人類搭話，從這個角度來看，或許飼主對貓咪來說猶如母貓。

此外當我們在用電腦或是將筆記本、文件攤開在桌上時，貓咪會來打擾也是因為把飼主當成母貓所致。好奇心旺盛的幼貓會想吸引母親注意，而家貓們或許就是對飼主抱持相同情感，希望飼主抱抱自己、陪陪自己或是看著自己才會出手搗亂吧？

原本母貓會在幼貓長大到一定程度時，威嚇孩子以逼牠們離開自己並獨立生活。但是飼主不需要逼愛貓離開自己，所以請將自己當成特別大隻的母貓，一輩子愛著自家的貓咪吧。

檢視貓咪「表達愛意」的訊息

其實很多貓咪都想盡辦法向母貓般的飼主表現出：「我愛你～」所以這裡要介紹幾個貓咪表達愛意的方式，各位平常是否有注意到呢？

用臉磨蹭或是用頭頂飼主（Head bunting）

據說貓咪會將費洛蒙抹在認同為家族成員的對象身上，而費洛蒙主要從臉部一帶分泌，因此用臉部與頭部磨蹭的行為，等同於表示：「我們是一家人喔！」

為飼主理毛

貓咪互相理毛的行為稱為「社交梳理」（Allogrooming），據說這是只有互相信賴才會有的行為，可以說是感情好的表現。因此有時貓咪舔舔飼主，其實就是在向飼主表達愛意。

露出腹部在地上打滾

看到貓咪露出腹部打滾時，難免會誤以為在要求「摸我肚子～」，但是這通常只是人類單方面的誤會。腹部是貓咪的要害，也就是說貓咪在告訴飼主：「我對你信任的程度，高到可以像這樣毫無防備地放鬆喔！」絕對不是希望飼主摸摸自己的腹部，而且其實大部分的貓咪都討厭腹部遭到觸摸，所以也請各位適可而止。

豎直尾巴接近

想讀懂貓咪的心，請仔細觀察尾巴的動態吧。各位回家時，是否會看見愛貓豎直尾巴從家裡深處走出來迎接呢？據說這種豎直尾巴的行為代表：「我好想你喔！」此外緩慢地擺動尾巴，也是貓咪放鬆或是心情好的象徵。

用前腳踏踏

貓咪的「踏踏」是幼貓時期為了刺激母貓乳腺以增加泌乳的行為，但是有些貓咪長大後仍保有這種幼時的習慣。據說最常見的是放鬆時對著毯子或抱枕踏踏，但是有些貓咪會對著飼主的腹部踏踏，而這個舉動就是受到貓咪信賴的證據，所以請讓愛貓盡情地踏吧。順道一提，踏踏這個行為的英文非常可愛，是「Making biscuits」，也就是做餅乾的意思。日本社群網站則會將踏踏時的貓咪稱為「麵包師傅」或「製麵師傅」，除了是因為這個動作很像在

「揉麵糰」以外，其實也包含著「一早就開始辛勤工作，導致飼主睡眠不足」的意義，所以我個人比較喜歡這種稱法。想必有許多飼主都對這些「師傅的早起」感到困擾不已吧……（笑）。

喉嚨發出呼嚕呼嚕的聲音

貓咪會用喉嚨發出呼嚕呼嚕聲，向飼主表達愛意或是透露出自己的好心情，但是並不代表每次呼嚕呼嚕時的心情都很美麗。貓咪覺得「好難熬、不舒服」的時候也會透過呼嚕呼嚕聲向飼主求救，或是試圖藉此幫助自己冷靜下來，所以聽到愛貓在呼嚕呼嚕的時候，請仔細觀察是否有任何異狀。

緩慢眨眼

請各位也別忽略「緩慢眨眼」這個行為。根據最新研究，貓咪看到飼主緩慢眨眼時也會眨回去（好可愛……）。此外，初次見面的人邊眨眼邊伸出手的話，貓咪通常會願意接近。

但是也有其他研究發現，貓咪緩慢眨眼也可能是在表達恐懼：「不要一直盯著我看，很可怕！」不過這個研究的對象是收容所的貓咪，或許貓咪的處境也影響了研究的結果。此外，盯著彼此的眼睛這個舉動在貓咪世界代表著挑釁，所以這種行為確實有可能造成貓咪緊張，請特別留意。

貓咪的行為並不會僅對應特定的心理狀態，實際想表達出的訊息有時會依處境與彼此間的關係而異。

飼主洗澡或上廁所也要跟，是在巡邏嗎？

各位去洗澡或是上廁所時，貓咪是否會跟過來或是在門外等著呢？我家小喵也會在門前喵喵叫著像在大喊：「開門——」我最後也往往會投降放牠進門。

第三章曾經提過貓咪是重視地盤的動物，而飼主的家就等於貓咪的地盤，當

然也包括了浴室與廁所，但是這些地方通常不會像客廳等其他空間一樣放任貓咪自由進出對吧？所以對貓咪來說，浴室與廁所或許就是「自己的地盤中，狀況還不太明朗的區域」對吧？貓咪會希望能夠完全搞清楚整個地盤的狀況，所以這時跟在飼主身後，很有可能就是為了巡邏。「該不會躲在裡面吃好料的吧？還是裡面有偷藏其他的貓咪？」「竟敢不讓我踏進自己的地盤？」從地盤的角度來看，貓咪會如此懷疑也不是什麼奇怪的事情。

此外近年完全養在室內的家貓變多，與飼主更加親近並且深愛著飼主的貓咪增加，如果是特別愛撒嬌的貓咪，也有可能是「即使是洗澡或上廁所這麼短的時間，也不想與飼主分開」的心理作祟。像我家小喵那種會在廁所或浴室門前卯起來叫的行為，似乎有很高的可能性是撒嬌。

洗完澡後有些貓咪會來磨蹭，或許就是在表達「我好寂寞～」「我好想你」的情感。我家小喵則是會在我洗完澡後窩在我身上，所以在我家還多了「因為剛洗好澡全身暖呼呼的，才跑來取暖而已」的嫌疑（笑）。當然，最常見的說法「自己的氣味被洗掉了，所以要重新沾上」也不無道理。

為什麼才剛吃飽，又不斷討食物呢？

明明才剛餵過飯，貓咪卻又不斷地催促著：「給我飯飯！」想必這樣的行為讓不少飼主苦惱著：「這孩子的食慾難道是無底洞嗎？」

從貓咪的習性來看，多次討食恐怕不是因為肚子餓，而是單純基於獲得食物而感到開心而已。貓咪畢竟是具有狩獵本能的動物，自然會因為「捕獲獵物」的成功經驗而感到喜悅。對現代家貓來說，擄獲飼主的心並獲得食物就等於「狩獵成功」。當然，如果是比較貪吃的貓咪時，就很可能真的只是肚子餓了而已。

因為愛貓似乎還會餓而無止盡地提供食物會造成肥胖，所以建議決定好整天餵食量後，以少量多餐的方式餵食即可。

多陪貓咪玩耍也能夠有效改善這個問題。舉例來說，找個較寬的房間將飼料丟擲到遠處，這種模擬狩獵的遊戲似乎就吸引了許多貓咪。此外也很推薦漏食球與迷宮餵食器。

貓咪行為中的謎團無限大？

和貓咪生活在一起時，還會遇到許多令人滿頭問號的謎樣行為，目前還有許多行為的背後意義仍尚未解開。儘管世界上充斥著各種解釋，但是往往都是從人類的角度去解讀，真相終究只有貓咪才會知道……。

而這也是貓咪的魅力之一。這種充滿謎團的神祕，也是許多貓奴深受吸引的原因。這邊就稍微談談貓咪那些尚未解開的行為之謎吧。

睡在飼主衣服上之謎

應該有許多飼主都有這個經驗，我家也是。只要稍沒留意，小喵就已經在剛脫下來還帶有體溫的睡衣上占好位置了。

據信貓咪透過氣味所接收的資訊，遠比人類所能想像的多上許多。舉例來說，野生貓咪為了避免安全場所或是睡床被其他貓咪搶走，會在地盤邊界透過氣味向彼此傳遞許多訊息。因此沾有家人氣味的地方，對貓咪來說就等於「安全的場所」。從貓咪的如此習性來看，飼主是貓咪的家人，因此沾有飼主氣味的衣服對貓咪來說，或許是最安全舒適的地方。當然，單純是剛脫下的衣服比其他地方更暖和的說法，也極具可信度……（笑）。

觸摸尾巴根部就挺腰之謎

溫柔輕拍貓咪尾巴根部或腰部時，貓咪會挺腰表現出彷彿在催促著「再多拍一點」的動作。挺腰的理由眾說紛紜，包括「這裡有許多連接性器官的神經，所以是貓咪感受到性方面的刺激」、「因為尾巴根部附近是分泌費洛蒙的場所」等。儘管目前真相尚未解明，不過個人比較傾向後者。

撫摸貓咪的臉頰、額頭、下巴等分泌費洛蒙的部位，貓咪就會很開心。而貓咪之間在溝通時也多半會互相磨蹭、接觸這幾個部位，並透過這些行為進一步加深彼此的交情。

貓咪會喜歡飼主撫摸這些部位，也是因為透過氣味與飼主順利溝通而欣喜吧？貓咪會分泌費洛蒙的部位除了臉部以外，還有尾巴根部，因此飼主輕拍腰部時會挺腰，或許也是為了加深交流所致。

撫摸途中忽然咬過來之謎

撫摸貓咪臉部或腰部時，貓咪會舒服得開始呼嚕呼嚕。正當飼主感到滿心療癒時，貓咪卻突然咬了過來！「剛才明明還一臉舒服，為什麼突然變臉？」相信飼主們都有過這樣的經驗吧。

其實貓咪的如此行為是有專有名詞的，那就是「撫摸性攻擊行為」。目前尚不明白貓咪突然轉為攻擊的心理狀態，不過通常應該是貓咪透過特有的提醒法告訴飼主：「摸太久了！」「不是那裡！」當貓咪耳朵朝外（也就是所謂的「飛機耳」）或是尾巴快速拍動時，就代表貓咪開始不耐煩了，所以請各位努力成為能夠看穿停手時機的貓咪大師吧！

盯著空無一物之處看之謎

「愛貓盯著什麼都沒有的地方瞧。」相信大家都很常遇到這種事情吧？「該不會看到什麼不該看的吧……？」飼主難免會往這方面想，不過其實貓咪可能是聽到了人類耳朵聽不到的「聲音」，所以盯著聲音來源看而已。貓咪能夠聽到的聲音範圍比人類高了兩個8度，達到了超音波的境界，因此在日本有「地獄耳」（意思近似順風耳）之稱。話說回來，我也不能保證聲音來源是不是什麼靈界朋友就是了……（笑）。

收容所醫師不為人知的努力

喜歡貓咪的人肯定都會希望所有貓咪都能夠健康長壽，本章的最後要稍微跳脫最新研究與雜學的領域，談談為了幫助更多生命而付出貢獻的收容所獸醫。

各位聽到「收容所」會聯想到什麼呢？或許安樂死的形象太過強烈，所以實在很難有什麼好印象。很多人將在收容所服務的獸醫師視為「劊子手」，因此社群網站上談到他們時總會出現「殘酷無情」、「到底是為了什麼當獸醫師的」等批評聲浪。

我的大學同學中也有人正在收容所工作，我們很常聊到這方面的議題，因此這邊想鄭重告訴各位的，是收容所獸醫師最重要的工作不是「安樂死」，而是「盡力減少安樂死的數量」。

日本的收容所並非動物的庇護所，因此非常遺憾的，所有進入收容所的動物生命都是有期限的。然而收容所的獸醫師與職員們可不是靜靜等著要安樂死，他們每天都拚命地想為動物們找到家。

住在收容所的貓咪中，有很多怕人而具攻擊性的孩子，也有很多從未與人類生活過的孩子。有時候只要有人靠近，牠們就會怕得躲到籠子的角落或是無法進食，這類貓咪會被歸類於「不適合送養」而排進安樂死的名單。收容所的獸醫師與職員們為了減少這種情況，每天都會向貓咪說話、餵食零食等，盡力幫助牠們學會與人類相處。

收容所裡還有受傷的貓咪、因天氣變化而病倒的貓咪，牠們當然必須仰賴獸醫師的治療。此外也有地方政府會舉辦送養會或是講座，幫助大眾了解這些等家的貓咪與正確的養貓法等。

在收容所獸醫師與職員們的努力下，全日本的貓咪安樂死數量從一九八九年的32萬隻，降到了二〇一八年的3萬隻，成功減少至十分之一。※1

該怎麼領養貓咪呢？

儘管如此，現在還有許多貓咪遭到安樂死仍是不爭的事實。

近來有推特的追蹤者留言表示：「我還沒有養貓，現在是為了以後迎接貓咪，先透過NYANTOS醫師的推特學習。」這讓我感到相當榮幸，也希望能夠幫助這些飼主多了解正在等家的貓咪們。有打算養貓的各位讀者，是否考慮一下領養這個選項呢？

市面上送養的貓咪有一大特徵，那就是米克斯（混種）居多。雖然貓咪領域並無正確的研究資訊，但是狗狗領域則已經了解米克斯的壽命比純種還要長。

因為純種動物是經過人工干預所交配出來的，所以遺傳性疾病的發作風險也相對來得高。

舉例來說，日本近年很受歡迎的美國短毛貓與蘇格蘭摺耳貓等，就以罹患肥厚型心肌病變、多囊腎病等各種疾病風險較高聞名。其中蘇格蘭摺耳貓罹患關節炎的機率將近百分之百，發作後就得持續承受病痛的折磨（參照164頁）。當然並非米克斯就不會罹患這些疾病，但是發病機率可能比品種貓還要低。

送養中的貓咪還有一大特徵，就是很多都是成貓。大部分的人提到養貓就會先考慮幼貓，但是其實從成貓開始養是有好處的。相較於「好奇心旺盛」的幼貓，成貓的個性比較穩重，最重要的是照顧起來比較簡單。此外直接挑選成貓的話，就能夠選擇性格符合自己生活型態的孩子。和活潑好動的幼貓一起生活當然也有其樂趣，但是也會伴隨許多辛勞（請參照50頁的經驗分享）。

有些人會擔心成貓和自己不親，但是並非所有貓咪都討厭人類，一見面就跑來磨蹭的親人貓咪出乎意料地多。而貓咪在收容所還很緊張害羞，結果帶回家後就變成黏人的撒嬌鬼也是很常見的狀況。

向收容所領養的方法

想要從收容所領養貓咪，請先搜尋所在縣市的收容所官網吧。只要輸入「○○縣 收容所 貓咪 領養」等關鍵字，不難找到收容所或是與該收容所合作的動保團體網站，上面會刊登送養中的貓咪照片與基本資料，各位不妨先行確認。但是難免有資訊更新不及的時候，因此建議不妨直接致電確認。

打電話給負責單位後，對方會告知送養條件、流程與參觀日期等細節，而實際送養條件依縣市而異，但是日本收容所幾乎都會設置下列條件：

- 必須結紮
- 必須完全飼養在室內
- 必須為可飼養寵物的住宅

・萬一要中斷飼養時必須有人可以接手
・必須獲得全家同意

領養貓咪的門檻看似很高，但是其實這些條件都只是確保貓咪幸福的最低必需條件。此外從收容所領養貓咪的話，也不太需要花到什麼費用。

向動保團體領養的方法

想要用領養的方式迎來新的家人時，動保團體是另一個不錯的選擇。動保團體指的是向收容所領養貓咪或是親自救援貓咪後，用滿滿的愛照顧貓咪的同時為其找家的團體。日本近年的安樂死數量得以大幅減少，不僅應歸功於收容所本身的努力，這些動保團體也功不可沒。

從動保團體領養的一大優點，就是很多團體會提供試養※2的選項，因此能夠確認貓咪與自家環境、家中的貓咪是否契合。此外動保團體送養的貓咪，幾乎都經過志工長時間的親人訓練，因此通常都能夠與人和平相處。

要特別留意的是，動保團體的領養條件往往比收容所嚴格，有些會要求到家中探視、設定飼主的年收入條件。各位或許會覺得有些反感，但是畢竟送養的都是志工們用心愛護的孩子，所以請理解他們想盡力為貓咪排除不安因素的心情。此外，動保團體的參與人士幾乎都是志工，因此中途期間的醫療費等往往需要新飼主負擔。

「領養貓咪」這個概念似乎沒有我以為的那麼普及，所以由衷希望有更多人能夠將領養納入考量，讓更多的貓咪能夠找到幸福。

※1 編註：台灣雖已達成零安樂死，但是卻面臨收容空間不足，動物生存品質受到嚴重壓縮的困境。要真正改善浪浪的處境，仍有賴大眾一起努力。

※2 編註：頻繁更換飼養環境，可能對貓狗造成心理負擔，因此能否提供試養都需經過審慎評估。

插畫家OKIEIKO的

請告訴我！NYANTOS醫師 之4

為什麼會踏上研究員之路？

因為經歷過「束手無策」……

OKIEIKO（以下簡稱O） 您雖然擔任過獸醫，不過現在是在研究機構從事動物疾病研究對吧？

NYANTOS（以下簡稱NY） 沒錯，我原本是在動物醫院實際治療動物的臨床獸醫，現在已經轉換到研究員的領域了。

O 為什麼會踏上研究員之路呢？

NY 我最初工作的大學醫院都是收治轉院病例，治療一般動物醫院治不了的疾病，可以說是最後的堡壘。雖然醫院裡集結了許多各領域專長的醫生，但仍遇到許多當今醫療無能為力的疾病，讓我不禁浮現「想透過研究改善這個問題」的念頭。

O 無論是多麼厲害的醫生，即使竭盡全力也很難挽救所有的性命……

NY 有些猝死的狗狗在前一天都還很有精神，這讓飼主更是難過得不得了。相信本書讀者中也有不少人經歷過痛苦的離別，肯定也有人正陪著愛貓對抗病魔。我在臨床醫療上看過許多這樣的病例後，就更想透過研究打造出連疑難雜症都能夠根治的醫療環境了。

O 這麼做不僅能夠回應飼主們的期待，對獸醫們「想挽救性命」的心情也是一大助力。

希望日本也能夠有人醫與獸醫的跨界合作

O 可以談談實際研究環境嗎？

NY 我的研究是以癌症為主，努力想藉此拯救許多受疾病折磨的動物。不過其實日本動物醫療領域也會運用人類的醫療，這時最關鍵的問題就在於新藥等的引進。在確保安全性的前提下，動物嘗試新藥的門檻比人類低，因此我很希望新型治療能夠搶先用在動物身上。

O　確實人類用藥的領域常常聽到還要等幾年才能開放的新聞。

NY　對吧？坦白說將動物臨床結果應用在人醫的效率比較高，對動物醫療領域來說，因為「目前沒有其他療法」而只能兩手一攤，眼睜睜看著動物殞命的情況應該也可以減少。美國的人醫與獸醫就已經有這方面的合作，所以我希望日本也能夠儘快建立相關機制。

O　這是您作為「貓奴」的心願對吧。現今也還有許多犬貓安樂死，也希望能改善這方面的問題呢。

NY　我由衷如此期望。看到自己努力想治癒病貓的同時，卻又有那麼多健康貓咪被殺死，有時也會充滿無力感。所以我作為獸醫與研究員，必須在持續進修的同時致力於挽救更多性命。

第5章

讓貓咪更幸福的Q&A集

我透過社群網站收到許多提問，
謝謝各位的踴躍發言。
雖然很抱歉沒能一一解答！
不過如果接下來的回答，
能為更多貓咪與飼主帶來幸福，
我將深感榮幸。

Q. 01

從動物醫院拿藥回家要自己餵，但是卻很難餵成功，所以我想知道能夠順利餵藥的方法。

依藥劑的型態有不同的訣竅

這真的是很常見的問題。因為有分成錠狀、粉末等各種型態，所以這邊要依藥劑的型態介紹相應的餵食技巧。

首先來談談藥錠吧。如果飼主是右撇子，就請用左手握住貓咪的上顎，使鼻尖朝上，接著用右手的手指撐開貓咪的嘴巴，將藥錠投進貓咪喉嚨深處。將藥錠投入口中後，請維持鼻尖朝上的狀態闔上貓咪嘴巴，另一手輕輕撫摸貓咪的喉嚨，引導貓咪吞嚥藥錠。如果藥錠殘留在食道沒有流進胃裡可能會造成食道炎，所以接下來請用針筒（餵藥專用的無針款，可向動物醫院購買）餵食5毫升的水。只要將針筒尖端插進上顎虎牙後方的縫隙，貓咪就會自然張開嘴巴，接著再緩緩餵水即可。

接下來談談藥粉。請用1毫升的水以餵藥專用的針筒餵食，也可將水倒進藥袋中

藥錠餵食法

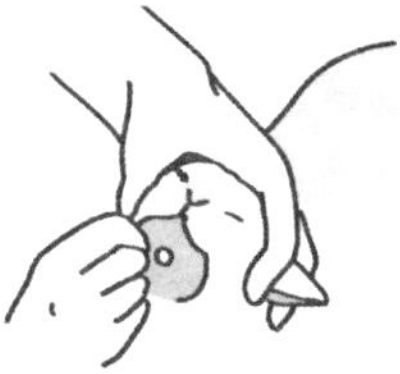

藥粉餵食法

溶開減少藥粉流失。如果貓咪很抗拒，甚至餵食後吐泡泡，就請諮詢開藥的醫師是否改成膠囊或其他藥物。

這邊建議混在肉泥或是溼食裡餵食，但是因此讓貓咪認為「肉泥等不好吃」的話，餵藥就會變得更加困難，所以請將藥物藏在裡面而非拌在一起。此外要敲碎錠劑之前請務必徵詢獸醫意見。像這樣讓貓咪自行吃下藥物才是最不會造成壓力的方式，但是貓咪真的不肯吃時，也可以考慮打開嘴巴塗抹在上顎。有些動物醫院售有高黏度的餵藥輔助用肉泥或點心，各位不妨諮詢看看。

Q.02

每次要帶我家貓咪上醫院，貓咪就會大暴走，結果連疫苗都很難接種。如果有減緩上醫院壓力的方法，請醫師務必告訴我。

活用最適合診察的籠子或網子！

想要降低貓咪上醫院所造成的壓力，最重要的就是能否提供流暢溫和的診察經驗。當然這部分取決於獸醫，不過其中也有飼主辦得到的事情，那就是選擇適當的籠子。能夠幫助獸醫做好診察的籠子是側邊與上面都有門的雙開式籠子。籠子只能從側邊打開時，就必須強行將躲在深處的貓咪拖出來，光是這個過程就足以為貓咪帶來莫大的壓力。貓咪愈是掙扎躁動，處置的時間就會拖得愈長，進而陷入造成更大壓力的惡性循環。但是籠子能夠從上方打開時，即使貓咪有所警戒，也能夠從上面蓋住毛巾或毯子後，再慢慢地將貓咪抱出來，如此一來貓咪也較難掙扎。

但是即使選對籠子，有些貓咪還是會因為太討厭醫院而躁動，這時建議在家中就先用洗衣袋包住貓咪再放進籠子。如此一來，診察過程會更加流暢，自然能夠將壓力抑制到最輕微的程度。

在籠中放置貓咪用慣的毛巾或毯子也是很好的方法。貓咪對氣味非常敏感，因此在籠中配置沾有貓咪氣味的物品，打造出猶如家中的熟悉感，或許有助於增加貓咪的安全感。此外前往醫院的路上也請用毯子或毛巾蓋住籠子，以遮蔽貓咪的視線。

讓貓咪習慣上醫院用的籠子也是一大重點。某場研究發現平常就訓練貓咪熟悉外出籠，有助於減輕上醫院途中搭車的壓力，在醫院中的診察也會更加順暢。平常請將外出籠擺在家的角落並保持敞開，發現貓咪進到籠中就給予零食獎勵。貓咪不肯主動進籠時，則建議用飼料等引導貓咪慢慢體認到「這不是什麼可怕的地方」。

醫院候診室會聞到其他貓狗的氣味，或是聽到牠們的叫聲，這同樣會對貓咪造成非常大的壓力。所以建議做好預約，並且盡可能讓貓咪在車上候診，想辦法縮短貓咪待在院內的時間。

Q.03

我家養了兩隻貓，公貓（已結紮）常常會騎到母貓（已結紮）身上，這與性慾有關嗎？請告訴我該怎麼制止這種行為。

用分散注意力代替責罵

貓咪的騎乘行為沒有狗狗那麼常見，目前尚未解明牠們做出這種行為的意圖。騎乘行為對貓咪來說，是公貓對母貓做出的性行為環節之一。但是有時也會像這次的問題一樣，儘管公貓母貓都結紮了還是出現騎乘行為，就很有可能與性慾無關。

舉例來說，高齡貓咬住年輕貓咪後頸的騎乘行為，用意可能近似於母貓教育小孩。此外據說貓咪感受到環境變化或壓力時，也會做出相同的舉動。如果貓咪結紮的時間比較晚，則可能是結紮前的騎乘行為已經養成習慣所致。

我們很難了解結紮貓咪做出騎乘行為的正確原因，所以也很難找出有效的對策，但是請切記不要責罵貓咪。貓咪開始騎乘時可以溫柔地拉開貓咪，或者是用玩具等轉移牠們的注意力。

另外也建議整頓室內環境（參照第三章）或是增加玩耍時間，盡可能減少貓咪生活中的壓力。

Q. 04

我養了一隻黑貓，牠小時候明明很黑，長大後就慢慢長出白毛，請問這是正常的嗎？

貓咪花了點時間才長齊天生的毛色

貓咪的毛色基本上由基因決定，但是卻很常出現隨著成長產生變化的情況。像暹羅花紋（重點色）的貓咪剛出生時就全身雪白，但是臉部、耳朵、四肢與尾巴等卻會隨著成長變黑。由於變化太過劇烈，嚇到了不少飼主。這是因為決定暹羅貓毛色的cs基因會隨著溫度調節，在溫暖的母貓體內時不會運作，使剛出生的貓咪渾身雪白，接著腳尖、耳尖與尾巴等體溫較低的部位會慢慢變黑，逐漸形成暹羅貓特有的花色。而黑貓會長出白毛，或許是因為本身應有的毛色隨著成長逐漸長齊所致。

此外貓咪的被毛色素會隨著年紀增長逐漸變淡，就像人類的白頭髮一樣，但是鬍鬚卻會由白變黑，人稱「Black Whisler」（黑鬍鬚），是貓咪年紀大了的特徵之一。

Q.05

我家貓咪常常歪著頭看我，牠到底在想些什麼呢？

或許是試圖理解飼主的情緒？

人類在煩惱或思考時會歪頭對吧？其實人類以外的動物也經常出現相同動作。據說動物的歪頭是為了「從各種角度」獲取更多資訊，像是馬與兔子等草食動物因為眼睛位於臉的側面，使得形成立體視覺的「雙眼視野」非常狹窄，必須透過歪頭等動作彌補視野不足。此外猴子遇見沒見過的事物時，也會出現左右歪頭的行為。

狗狗在飼主對自己說話時歪頭的情況比貓咪更常見。推測是狗狗的鼻子太長，會遮住飼主嘴巴一帶的表情，必須歪頭才能獲取更多資訊，實際上長鼻子犬種歪頭的機率也比短鼻子犬種更高。貓咪或許也是想透過歪頭，觀察飼主的表情與動作獲取更多資訊；歪頭情況少於狗狗，大概是因為貓鼻子比狗鼻子短的關係吧（笑）。

Q.06

我家的貓咪（1歲，公貓）很愛咬，不管是塑膠、衛生紙、薄布、毛巾、洋裝、繩子還是玩偶都不放過，這是為什麼呢？雖然我已經盡量收起來了，還是覺得很擔心。等牠長大後會改善嗎？

喜歡亂咬可能是羊毛吸吮症所致？

什麼都咬可能是所謂的羊毛吸吮症（wool sucking），目前認為這是種心理疾病，類似人類會不斷重複無意義舉動的「強迫症」，可能原因有過早離乳、壓力或遺傳等，但是詳情仍未解開。

誤食塑膠或繩子等可能會危害性命，所以建議諮詢有動物行為治療（診療動物的問題行為等，類似動物的身心科）專業的醫師，此外最重要的就是要針對貓咪生活的空間，盡可能移除所有貓咪會咬的東西。在貓咪什麼都咬的時候，電線有觸電的風險，請盡量遮起來。除了要避免放置誤食後會釀成危險的物品外，整頓出低壓環境（參照第三章）並準備玩具增加玩耍時間，或許也有助於改善。很多有羊毛吸吮症的貓咪都有異常旺盛的食慾，所以搭配迷宮餵食器或漏食球等讓貓咪可以邊吃邊玩也可獲得相當的效果。另外也可以透過服藥治療，若太嚴重時請諮詢平常往來的醫生或是動物行為治療的專家。

Q.07

聽說貓咪的個性會隨著毛色或花紋不同，這是真的嗎？

貓咪個性並不只取決於毛色！

各位是否聽過虎斑貓比較狂野、白貓比較神經質這種不亞於人類血型占卜的「貓咪毛色占卜」呢？實際觀察來醫院看病的貓咪，確實覺得虎斑貓當中富野性且警戒性強的孩子特別多，但是我家小喵卻一絲絲野性都感覺不到（笑），確實有一些關於貓咪性格與毛色關聯性的研究，不過目前仍沒有確切的證據。

毛色所造成的性格差異，很有可能是因為不同毛色的「性別傾向」所致。某項研究發現三花貓與玳瑁貓中具攻擊性的個體，比其他毛色的貓咪還要多。而其實這兩種花色的貓咪幾乎都是母貓。另外還有一項研究發現，褐色虎斑貓比較多親人的個體，事實上褐色虎斑貓有七八成都是公貓，所以或許也是受到性別影響。當然這並不代表一切，實際上也有親人的三花貓與攻擊性強的褐色虎斑貓。

影響貓咪個性的因素，包括社會化期間與人類相處的經驗、父親貓咪的個性、是否結紮、基因造成的個體差異等各種遺傳與環境因子，很難光憑毛色判斷。因此像這種「毛色占卜」請想著「這麼說來好像是這樣～」聽聽就好，真的憑毛色判斷貓咪並非好事。更何況無論是什麼樣的個性，貓咪光是身為貓咪就可愛得不得了！

Q.08

雖然我家貓咪都養在室內，是否還是戴上項圈跟鈴鐺比較好呢？但是戴上這些是否會對貓咪造成壓力呢？

個人的建議是「戴項圈不戴鈴鐺」

貓咪沒戴鈴鐺也沒什麼問題。只要門窗都有關好，就算找不到貓咪也可以確定還在家中某處。貓咪是會自行尋找舒適場所的動物，所以不見蹤影時肯定是在喜歡的場所休息。只要確定貓咪安全，就讓牠們享受獨處時光吧。

有時鈴鐺的聲音會對貓咪造成壓力，雖然目前並無與戴鈴鐺有直接關係的疾病相關報告，但是其實大部分的研究都沒有記錄「貓咪是否有戴鈴鐺」。即使可能性很低，仍不能完全否定慢性壓力衍生出某種疾病的可能性。雖說戴鈴鐺的貓咪看起來都相當習慣鈴鐺的聲音，不過戴鈴鐺並無明顯的好處，所以我們家是不使用的。真的很想幫愛貓配戴鈴鐺的話，選擇音量較小的或許會比較好。

但是為放養型貓咪配戴鈴鐺卻有明顯的好處，那就是避免貓咪傷害野生動物。

近年有許多聲音指出家貓的放養會破壞生態環境，某項研究發現為貓咪配戴鈴鐺可以將鳥類狩獵成功率降低50%，齧齒類動物可減少61%。西方有一則名為「幫貓咪戴鈴鐺」的寓言，述說著老鼠為了躲避天敵貓咪，討論出幫貓咪戴鈴鐺這個解決方案，結果沒有任何一隻老鼠能夠成功，背後隱含著「看似很好的方案，實際卻難以執行」的意義。然而從前面提到的研究來看，老鼠們的想法確實很棒對吧？不過與其配戴鈴鐺，直接將貓咪完全養在室內還能夠兼具保護貓咪的效果。

貓咪未必需要鈴鐺，不過最好配戴項圈。有些獸醫認為只要貓咪有植入晶片就不必配戴項圈，但是萬一貓咪不小心跑出家門了，項圈能夠幫助飼主一眼認出自家貓咪，另外若能裝設寫有聯絡方式等的名牌會更加安心。有些貓咪不喜歡配戴項圈，這時請盡量選擇材質輕盈的商品吧。皮革項圈相當可愛，總是讓人不禁選購，然而這種材質較重容易讓貓咪覺得怪怪的，甚至可能造成頸部掉毛的問題。為了預防意外發生，建議選擇勾到後會鬆脫的「安全扣環項圈」，並調整至可以供兩指伸入的鬆度，讓貓咪慢慢習慣吧。（※編註：體重較輕的貓咪，可能無法藉體重使安全扣環鬆脫，因此配戴前請審慎評估）

Q.09

請問有沒有什麼尋找走失貓咪的好方法呢？喊名字的話貓咪會明白嗎？還是要用貓咪喜歡的食物或用過的貓砂吸引牠們回來呢？

首先請徹底搜索住宅附近！

某項研究發現貓咪完全飼養在家中時，偷跑出門後尋獲的場所，與住家距離的中位數（※編註：統計學名詞，觀測資料居於中間位置的代表量）是39公尺。也就是說，不習慣戶外環境的貓咪有高度可能性是躲在家的附近，所以請先找找家裡附近貓咪能夠躲藏的草叢、車子或倉庫下面、室外機周邊吧。貓咪有嚇到時往上爬的習性，所以也請別錯過屋頂或樹上等。此外邊找邊撒貓咪愛吃的點心，也有相當不錯的效果。雖然白天也要找，不過考量貓咪的習性，也許著重於早晨或傍晚至夜晚之間會比較好。貓咪的眼睛會在黑暗中發光，所以其實晚上也出乎意料地很好找到。

貓咪很緊張時怎麼叫都叫不出來，大聲呼喊很可能造成反效果，建議用平常與愛貓說話的語調呼喚，同時也請警察與收容所協助留意吧。不過有些人認為收容所等同安樂死，所以收留貓咪後可能不會聯絡收容所，因此尋貓海報與傳單相當重要。

各位也可以試試將放有愛貓常用毯子或抱枕的紙箱，或是平常在用的便盆擺在庭園或玄關。

Q.10

貓咪的尾巴種類多樣化，有些長得圓滾滾的且也有長有短，其中我特別喜歡「鑰匙尾」，為什麼貓咪會長出這種形狀的尾巴呢？

形形色色的尾巴是家貓特有！

事實上形狀多樣化的尾巴是家貓的特徵之一，其他像獅子、老虎、豹、獵豹等大型貓科動物的尾巴都長得相當筆直，基本上不會像「鑰匙尾」一樣彎曲。不同形狀的尾巴各有自己的名稱，最常見的長尾巴稱為「全尾」、中間彎起的稱為「鑰匙尾」、圓滾滾的「短尾」、像豬尾巴般捲一圈的「螺旋尾」以及幾乎看不到的「無尾」等。

目前認為家貓如此多元化的尾巴形狀，源自於「基因異常」。最新研究已經確認短尾巴是基因「HES7」變異所致，HES7是在骨骼發展時負責相當重要的功能，因此這種基因變異就造成了尾骨生長異常。

至於幾乎沒有尾巴的曼島貓則源自於T-Box基因異常而非HES7，其他則有HES7與T-Box都沒問題，尾巴卻非常短的貓咪，所以懷疑與其他基因有關。

順道一提，人類的「脊椎肋骨發育不全」的原因之一就是HES7。人類罹患這種疾病時，會出現脊椎或肋骨無法正常發育的狀況，嚴重時甚至可能致命。但值得玩味的是，同樣變異發生在貓咪身上卻僅會出現尾骨異常，其他部位的發育幾乎沒什麼問題，相當正常。目前推測是人類與貓咪的HES7變異狀況不太一樣所致。

Q.11

我家貓咪開始吃乾飼料後，就一直餵食相同的飼料。有時候會看到貓咪先做出撥砂的動作才吃，是因為吃膩的關係嗎？

對著食物撥砂是源自於野生時代的天性！

對著食物撥砂的動作稱為「儲食行為」（caching），是野生貓咪或獅子等大型貓科動物都會出現的行為，據信是藉此打算保存食物，等肚子餓的時候再來吃。動物通常是獵捕到一次吃不完的大型獵物，才會表現出這種儲食行為，雖然還不確定現代家貓為什麼會出現相同的行為，但是或許是一口氣給與的飼料太多所致。所以不妨增加餵食的次數，採取少量多餐的餵食法或是搭配迷宮餵食器等。貓咪本來就是一次只吃少許食物的動物，只要貓咪自己會分配時間去吃的話就不需要特別擔心。但是貓咪身體不舒服而缺乏食慾時，也會做出藏起食物的行為，因此當愛貓這種行為是突然發生的話就必須特別留意。

Q.12 我家貓咪非常喜歡貓草，但是吃完後就會吐出帶草的液體，不餵的話就沒問題，所以是否不要餵比較好呢？

沒必要堅持餵食貓草

據説餵食貓草有助於吐出毛球與預防便祕，但是想預防毛球，定期梳毛以避免貓咪需要吐毛球，才是對身體最溫和的方式；想要預防便祕，溼食與處方食品的效果遠比貓草來得大。所以請各位務必理解，餵食貓草其實沒有什麼特別的優點。不過貓草對健康也不會有什麼負面影響，而貓咪也喜歡吃的話餵食也沒關係，只是貓咪吃貓草容易吐的話就建議減少餵食量。

至於貓咪為什麼會吃草呢？其實目前尚未解明真正的原因，而某場研究也發現其實吃草後會嘔吐的貓咪只有兩三成而已。黑猩猩等靈長類會吃無法消化的草以促進腸道蠕動，避免受到寄生蟲的侵襲，而貓咪會吃貓草或許也是受到野生時代的天性影響，想藉由促進腸道蠕動排出寄生蟲。

Q.13

我家貓咪都不把盤子裡的乾乾吃完，剩下的放在手上或地上就願意吃了，所以似乎不是量太多或是不喜歡。是不是不要裝盤比較好呢？

或許是貓咪不喜歡餐具

貓咪會刻意將食物撥到地上或是要等飼主放手上才吃時，很有可能是不喜歡餐具所致。很多貓咪都討厭鬍鬚碰到碗的側面，這在國外似乎稱為「鬍鬚壓力」（＝鬍鬚疲勞）。所以如果使用的餐具太小且深時，建議改成較寬或較淺的盤子，避免鬍鬚會碰到餐具的側面。

此外餐具選擇也相當重要，據說有很多貓咪不喜歡不鏽鋼碗，目前推測是因為餐具會倒映出自己的臉，或是冬天太冰冷等。但是塑膠碗容易繁殖細菌或是造成貓咪長痘痘，且容易殘留氣味，所以建議不要使用。這邊推薦的是陶瓷，這種不容易產生傷痕的材質較不利於細菌繁殖，也頗受貓咪歡迎。如果換了餐具後貓咪仍依舊故我，就可能只是想要吸引飼主注意力而已。

Q. 14

我家貓咪不願意讓人剪趾甲，試了許多方法都宣告失敗。明明在醫院就肯乖乖給人剪……請問是否有剪趾甲的訣竅或是推薦的趾甲剪呢？

不要一口氣剪完，而是趁貓咪心情好時分幾次剪！

相信很多飼主都苦惱著無法順利為愛貓剪趾甲的問題吧？其實剪趾甲的訣竅就是不要急著一口氣剪完。不只是剪趾甲，事實上不管要對愛貓做什麼事情，最好的時機就是貓咪放鬆的時候，所以請挑愛貓心情好的時候一根一根偷偷剪掉吧。一天只剪一兩根也無妨，這麼做才不會對貓咪造成心理壓力。

剪趾甲時請溫柔按壓貓咪肉球，使爪子伸出來吧。這時握得太緊或是拉扯掌心的話，貓咪就會立刻切換成不耐煩模式，所以請務必溫柔且小心翼翼。這裡請特別留意不可以剪到粉紅色的部分（quick），因為該處有豐富的血管與神經，不小心剪到的話會出血且很痛，可能使剪趾甲一事成為貓咪的心理創傷。因此剪的時候不要強行剪掉很長，只要修掉前端最尖的部分即可。

剪趾甲的訣竅

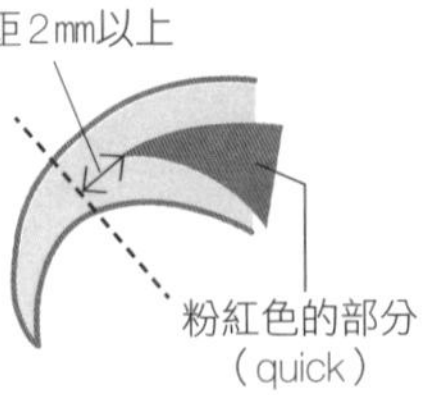

如果有人能夠協助保定貓咪的話，當然是兩個人一起進行會比較輕鬆。要剪前腳的爪子時要輕壓貓咪的肘部使關節伸直，剪後腳的爪子時則可讓貓咪仰躺或是側躺後保定。同時用點心分散貓咪注意力也是不錯的方法。

這邊推薦的工具是能夠迅速剪好的斷頭台式趾甲剪，剪刀式的當然也可以，但是真要講的話，剪刀式比較適合幼貓的柔軟爪子，用來剪成貓爪子時可能會對爪子施力，使貓咪覺得不太舒服。熟悉斷頭台式趾甲剪的用法後，就會覺得很好用了，所以愛貓抗拒剪趾甲時請務必嘗試。

不過貓咪真的太過抗拒時，還是交給動物醫院比較好。

Q.15

我家貓咪是在奶貓時期撿來的，當時有感冒問題，結果現在每逢季節變換就會復發，是否有推薦的預防方法、營養食品或是根治的藥物呢？

感冒過的貓咪也要接種疫苗！

Q.16 不同醫師診斷出來的病情會有很大的差異嗎？

各有專精！

貓咪的感冒症狀與人類相同，都是流鼻水、打噴嚏、咳嗽或分泌眼屎等，可能是感染了貓皰疹病毒、貓卡里西病毒或披衣菌等引發的。其中最麻煩的就是貓皰疹病毒，一旦感染過就無法完全排出體外。免疫能夠正常攻擊病毒時，貓皰疹病毒會躲進神經裡，等壓力或氣溫變化等造成免疫力下降時又跑出來繁殖（潛伏感染）。

目前沒有把躲藏病毒趕出來的藥物或健康食品，但是曾經感染過的貓咪可以透過疫苗接種打造抗體，藉此抑制病毒的繁殖。至於應接種的疫苗種類與次數，則請與平常往來的醫師商量。另外善加運用空調維持室溫，為愛貓打造出低壓環境（參照第三章）同樣重要。養貓家庭要迎接新貓咪之前，也請為原本的貓咪接種疫苗。

大部分的動物醫院都是由同一位醫師診斷各式各樣的疾病，接觸範圍相當廣泛，不像人類的醫院一樣分成內科、外科、皮膚科與眼科等形形色色的科別。

然而狗狗、貓咪、兔子等不同動物會罹患的疾病與治療法之間，都有相當大的差異，有時除了診察外還必須麻醉動手術，而獸醫就得獨自應付如此龐大的領域。但是獸醫當然不是萬能的超人，再怎麼努力都會有擅長與不擅長的領域。

以我自己為例，我在臨床獸醫時擅長的是腫瘤與麻醉，不擅長皮膚科與眼科。此外在忙得幾乎要昏倒的日子裡，實在很難隨時更新獸醫學所有領域的最新知識。此外獸醫領域在蒐集資料的難度相當高，所以很多疾病都尚未確立最有效的標準治療法，非常仰賴獸醫本身的經驗。諸如此類的狀況使得獸醫們診斷出的結果與療法，常常會有相當大的落差。

如果對當前的診斷與治療覺得有疑慮或難以認同的地方，首先請找負責為愛貓看診的獸醫討論。如果希望交給專業知識或技術更強的醫師做第二意見，也請務必誠實告知。「這麼做會不會對醫生很失禮……」我能明白各位的擔憂，但是只要是擁有正確理念的醫師，理應會爽快地提供轉介文件，事實上我們獸醫會比較希望飼主們清楚表明自己的想法。

這邊要請各位特別留意的，是不要瞞著平常往來的醫師到其他醫院就診。因為這麼做不是第二意見而是「轉院」，所以稍微有點問題。那就是至今接受過的檢查、治療與病程只有原本的醫師才知道，有時症狀會因為當前用藥而沒有顯現，因此對另一位獸醫來說難以正確診斷，不得不以摸索的方式去診斷與思考治療方針。如此一來，獲得的意見準確度會比原本的醫院降低許多，再加上像這樣盲目轉了一間又一間的醫院，讓貓咪平白接受相同的檢查與治療，對貓咪與飼主都是一種負擔。

此外飼主要憑一己之力找到更具專業性的獸醫或醫院，效果也相當有限。以前通常會介紹到專門提供第二意見的大學醫院，最近尤其是都市地區增加了許多專業性更高的醫院，包括像大學醫院一樣專門提供第二意見的大醫院、和人類一樣分科的皮膚科、眼科或是貓咪專門醫院等，已經形成了一般獸醫也能夠輕易找到轉介處的環境。所以為了正與病魔纏鬥的愛貓，請鼓起勇氣找平常往來的獸醫商量吧。

Q.17

我每到冬天皮膚就會非常粗糙，必須使用護手霜與身體乳等，但是用這些對貓咪會有不好的影響嗎？我都很擔心如果抱貓或是被貓咪舔臉的時候，會損害牠們的健康。

建議使用凡士林

我的皮膚也很乾燥，非常明白這心情。市面護手霜與身體乳開發時並未考量到吃進肚子的狀況，所以避免貓咪舔到比較好。建議抹完護手霜後盡量不要觸碰貓咪。

日本販售的護手霜與身體乳都符合嚴格的標準，基本上用起來應該沒有問題，但是貓咪身體無法結合葡萄糖醛酸（Glucuronic acid）後排出（參照64頁），所以對人類來說沒問題，對貓咪來說卻具有毒性的東西其實不少，尤其使用了植物精油的護手霜更是危險。此外市面上售有含硫辛酸（參照48頁）的護手霜或身體乳，這種成分對貓咪來說是劇毒，有時少量即可致死。

因此目前最安全的就是凡士林。凡士林的安全性非常高，有時也會當成為貓咪改善便祕或毛球症的藥物，也能夠有效對抗人類的皮膚乾燥，所以非常推薦！

Q.18

我都帶貓咪去附近的動物醫院，但是其實遠一點就有大型醫院，因此很迷惘是否該選另外一間。能否告訴我動物醫院有哪些種類呢？

動物醫院的分類也愈來愈細緻

近來的動物醫院也多了許多種類，市面上資訊也五花八門，相信很多人都徬徨著不知該怎麼選擇，因此這裡要簡單介紹醫院種類與獸醫方面的小知識。

一次醫院

也就是鄰近的動物診所。會提供疫苗接種與健康檢查等預防醫療，也能夠在貓咪不舒服時提供治療與照顧。

二次醫院

大學醫院與較大型的動物醫療中心，能夠處理「一次醫院」無法應付的高精度檢

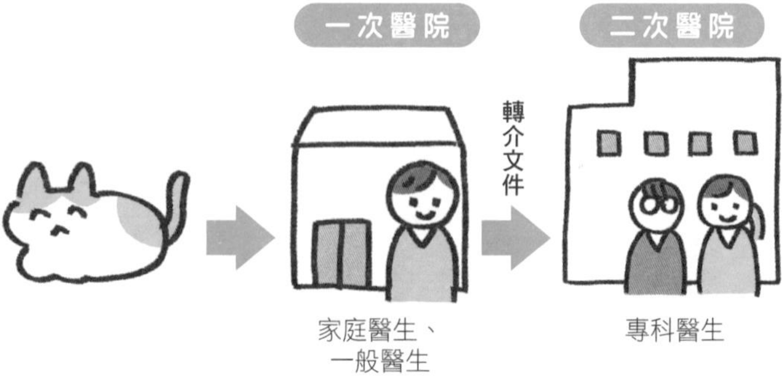

查（CT檢查、MRI檢查）、手術與治療，這裡聚集了許多專科醫師，可以說是動物醫療最後的堡壘，幾乎都採完全預約制，需要平常往來的獸醫開立轉介文件。

一·五次醫院

介於一次醫院與二次醫院之間的類型，從預防醫療到高精度檢查、治療都可以應對。

急診醫院

一般動物醫院沒有開門的夜間、國定假日等能夠接收急症病患的醫院。一直以來都是白天有在營業的動物醫院，提供夜間與國定假日也能夠收治的服務，不過近年有愈來愈多夜間急診醫院與急診獸醫師了。

專科醫院

美國專科獸醫、亞洲專科獸醫這種分類在日本逐漸普及化，隨之而來的是皮膚科與眼科等專科動物醫院的增加，能夠像人類的專科醫院一樣，提供更專業的治療。此外雖然不算專科，不過近來只收貓咪的醫院也增加了。

日本專科獸醫與一般獸醫的差異

專科獸醫指的是以專科住院醫師（研修醫）的身分鑽研數年後，取得專科獸醫資格的獸醫。尤其美國專科獸醫更是難考，必須跨過非常嚴格的門檻，合格者可以說都是該領域的佼佼者，連日本也僅有極少數的人取得資格。近來亞洲或日本學術協會也各自設立專科獸醫的執照，致力於動物醫療方面的專科診療普及化。

在日本動物醫院服務的專科獸醫

・美國專科獸醫……內科、腫瘤科、放射線腫瘤科、神經科、循環器官科、行為診療科等
・亞洲專科獸醫……內科專科醫師（內科、神經科、腫瘤科、循環器官科）、皮

膚科、眼科

・日本專科獸醫……小動物外科專科醫師、眼科

另一方面，一般獸醫是通過日本學術協會制定的標準或考試，基本上沒有住院醫師制度。也就是説由協會提供保證，證明醫師「在這個領域擁有一定程度以上的知識」，而協會的領域則包括外科、內科、綜合診療科、腫瘤科、循環器官科、皮膚科與影像判讀科等。一般獸醫的人數比專科獸醫還要多，且通常都在一次動物醫院服務。

Q.19

我家貓咪患有糖尿病，每天必須在家中注射胰島素。但是貓咪不習慣、飼主也不熟練，導致貓咪不是抗拒掙扎就是逃跑，始終無法好好注射，請問有什麼注射或施打皮下點滴的技巧嗎？

確實拉開貓咪的皮膚後刺進去

每位飼主剛開始為愛貓注射時都會相當緊張對吧？雖說注射的都是看不見的地方，無法百分之百肯定，不過目前已知皮下注射比肌肉注射還要不痛，再加上胰島素的針非常細，所以貓咪還會痛的話可能是針頭刺到肌肉。注射時請向左上圖一樣確實拉開皮膚，並對著皮膚垂直下針。無論多努力，貓咪都還是抗拒時，兩個人一起執行會比較順利。

同樣會在自宅進行的治療，還有罹患慢性腎衰竭等所需要的皮下點滴，主要方法有兩種（細節依動物醫院而異），一種是藉由重力使液體從點滴袋中滴下（或是藉加壓袋壓縮），另一種是手持針筒慢慢按壓。前者的優點是不必購買針筒等，費用比較便宜，缺點是難以正確測量輸液量且耗費時間較長。使用針筒不僅可以注射精

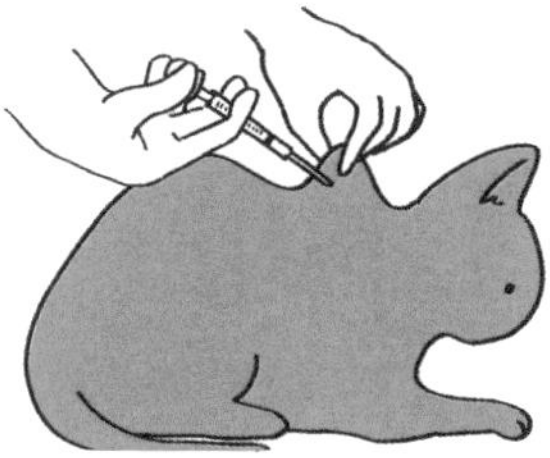

皮下注射的作法

正確範例

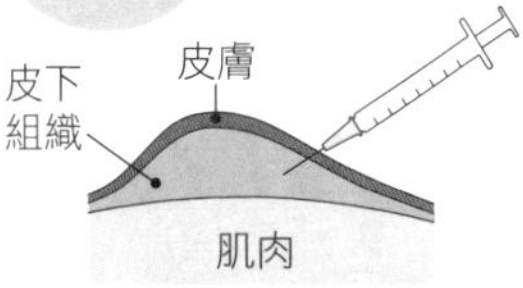

如上圖般將針頭刺進皮膚內（皮下組織中）。

錯誤範例

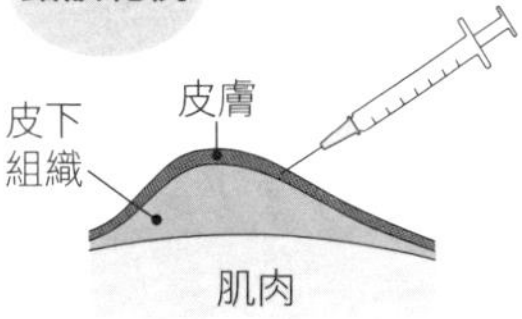

只有戳到皮膚。

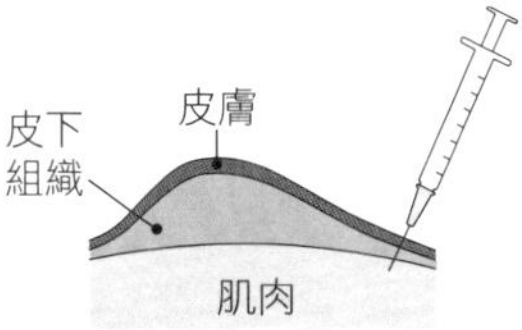

戳到肌肉了。

※參考網站
https://www.prozinc.jp/cat/prozinc/injection/

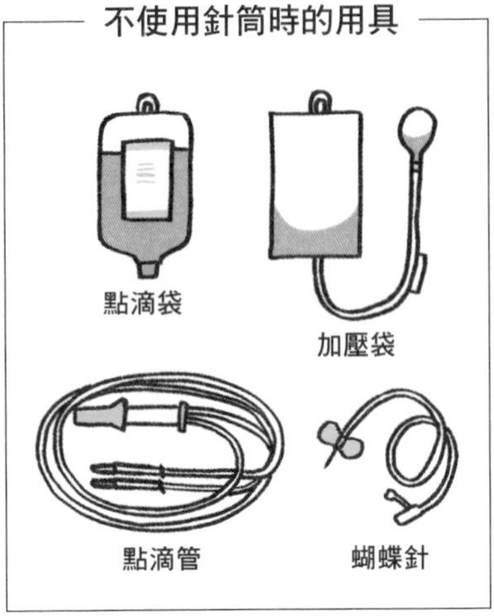

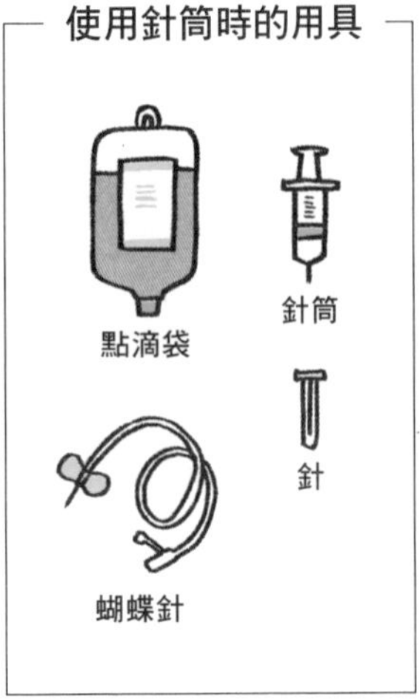

準的液體量，用按壓注射的方式也比較容易上手。但是點滴量較大時就必須多次更換針筒，相當費工。詳細作法會依動物醫院不同，所以請向往來的醫師確認清楚後再決定。

想要讓皮下點滴更加順利的訣竅就是盡量縮短時間，因此選擇僅使用點滴袋的話，建議採用加壓型的袋子。點滴的液體會累積在皮下組織，有如駱駝的駝峰一樣，慢慢地被身體吸收，所以一口氣注入所有液體也無妨。此外也建議加溫。有份問卷調查了三百九十九隻貓咪的飼主，發現會適度加溫的人當中，83%的飼主都認為施打起來更順利。合適的溫度約與人類的體溫差不多，所以請注意別加得太熱了。此外餵食點心獎勵貓咪忍耐點滴，也能夠有效幫助貓咪適應。在前述問卷調查中，確認會在打完點滴餵食點心的飼主中，有57%都表示貓咪願意為了點心而忍耐。所以請各位也務必嘗試。

或許有人會質疑為何要在家中執行壓力這麼大的治療，其實是因為罹患慢性腎衰竭的貓咪，腎臟的調節機能已經無法正常運作了，導致體內水分不斷隨著尿液排出。而皮下點滴就是為了防止貓咪脫水，雖然無法根治，但是很多貓咪光是接受了皮下點滴，就迅速恢復食慾與精神，看起來判若兩貓。如果真的無法順利進行，或是皮下點滴會對貓咪與飼主造成沉重壓力時，也請諮詢平常往來的醫生，不要獨自強撐。

Q.20

我家貓咪是現年16歲與22歲的高齡貓，最近22歲這隻有排尿問題，是否能詳細介紹照護方面的知識呢？

要比以往的照顧更加仔細

貓咪年老後身體關節會開始疼痛，很多事情也逐漸辦不到了。因此貓咪能否擁有舒適的年老生活，全仰賴飼主的協助。

舉例來說，貓咪理毛的次數會減少，所以飼主必須定期為貓咪梳毛，才能夠維持皮膚與被毛健康。梳毛不僅可以預防毛球症，還有助於促進血液循環與皮脂腺的分泌。但是高齡貓往往會瘦得骨骼分明，所以梳毛時請使用溫和的力道。貓咪有眼屎或是屁股一帶沾到排泄物時，就以沾溼的化妝棉等溫柔擦乾淨。

同時也請經常檢查貓咪的爪子。貓咪的身體開始疼痛後，磨爪子的次數就會減少，沒辦法正常磨爪子後，外側的老舊角質就無法順利剝除，進而形成又厚又彎的爪子，嚴重時甚至可能刺進肉球。因此經常為愛貓修剪趾甲並剝除老舊角質，有助於預防爪子捲起的問題。尤其貓咪大拇指的爪子——狼爪特別容易捲起，必須格外留意。此外便盆的無障礙設置也相當重要，這時可以選擇入口處低一點的便盆或是設置斜坡板。在貓咪主要活動的位置分別設置便盆，或是將便盆挪到更靠近貓咪休息的地方，藉此整頓出貓咪能夠輕易上廁所的環境吧！

飲食方面則請參照第一章熟齡貓的飲食部分（參照34頁）。

Q.21

我家貓咪病得很嚴重，所以必須在大學醫院與一般動物醫院之間奔波。這兩間醫院之間沒有任何交集，因此我得負責傳達兩邊的意見，覺得心有餘而力不足，所以請告訴我與獸醫溝通的技巧！

不要獨自煩惱，坦率地找獸醫商量吧！

基本上有必要的話，大學醫院與一般動物醫院之間是可以透過電話或傳真等聯繫的，很多專業內容要靠飼主傳達的話恐怕是說不清楚的，所以建議從大學醫院或一般動物醫院的醫師之間，選擇對自己來說較好溝通的那位，請對方協助聯繫飼主覺得難以說明的部分、治療內容或過程等。

每位獸醫當然都希望治療能夠更加順利，但是畢竟每間醫院都很忙，所以這種毫無聯繫的情況可能是兩邊都沒注意到飼主的難處而已，所以我相信他們肯定會願意提供適當的協助，包括開立治療報告或是打通電話等。因此不僅是這裡提到的問題，各位只要在治療過程中有疑問或是擔心的地方，都請坦率找獸醫商量吧。

想要與獸醫溝通得更順暢的話，建議各位發現愛貓有異狀時，就立刻錄影或拍照以提供獸醫參考。因為獸醫光聽飼主的說明，很容易聯想到與實際情況不同的症狀。舉例來說，貓咪咳嗽時的表現其實與嘔吐很像，因此很多飼主會誤以為愛貓是在嘔吐，這時若有當下狀態的影片可以參考，醫師就能夠更有效率地掌握貓咪狀況。此外若有腹瀉時的排泄物、嘔吐物、血尿或是痙攣發作時的照片或影片，也有助於獸醫做出正確診斷。

Q.22

我很擔心「貓愛滋」的問題，因為我打算飼養多隻貓咪，所以希望能夠了解正確知識。

在不造成壓力的情況下將貓咪隔離開

貓咪感染貓免疫不全病毒（FIV）後所發作的疾病稱為「貓愛滋」。愛滋其實是後天免疫缺乏症候群（AIDS），也就是本應保護身體不受病原菌等侵擾的免疫系統無法順利運作。遺憾的是，貓愛滋一旦發作就沒有明顯有效的療法，幾個月內就會病逝。目前也尚未開發出從貓咪身體排出ＦＩＶ的藥物或療法。

感染ＦＩＶ初期沒有症狀，但免疫系統會逐漸失衡，進而產生全身淋巴結腫起、發燒、口內炎與感冒症狀。愛滋病發作後幾乎整體免疫系統都會失靈，在免疫系統正常時不會釀成問題的細菌與黴菌，都可能讓貓咪陷入危險狀態（機會性感染）。

此外免疫功能低下就無法攻擊癌細胞，所以容易罹患淋巴瘤等各種的癌症。

但是ＦＩＶ的潛伏期（無症狀期間）非常長，甚至有許多貓咪終生沒有發作過。想要預防貓愛滋發作的話，為貓咪打造乾淨舒適的無壓生活環境是非常重要的，像是保持便盆與餐具等的清潔、安排貓咪可以待的高處與藏身處等，請盡力讓貓咪能夠過得自在快活吧。

ＦＩＶ在體外無法生存，只能透過體液傳染。據說貓咪罹患愛滋的原因中，打架遠多於性行為。由於罹患愛滋病的貓咪唾液中也有病毒，所以貓咪光是互相理毛就有傳染風險，必須做好隔離才能夠避免其他貓咪感染。雖然已經有針對ＦＩＶ的疫苗，但是預防效果並不算好，所以施打前仍請與平常往來的醫師仔細討論。

◎Zhang, L., Plummer, R. & McGlone, J. Preference of kittens for scratchers. J. Feline Med. Surg. 21, 691–699 (2019)
◎Zhang, L. & McGlone, J. J. Scratcher preferences of adult in-home cats and effects of olfactory supplements on cat scratching. Appl. Anim. Behav. Sci. 227, 104997 (2020)
◎DePorter, T. L. & Elzerman, A. L. Common feline problem behaviors: Destructive scratching. J. Feline Med. Surg. 21, 235–243 (2019)
◎Wilson, C. et al. Owner observations regarding cat scratching behavior: an internet-based survey. J. Feline Med. Surg. 18, 791–797 (2016)

■ P.122「排泄環境不佳，將提升尿路疾病的風險」
◎Carney, H. C. et al. AAFP and ISFM Guidelines for diagnosing and solving house-soiling behavior in cats. J. Feline Med. Surg. 16, 579–598 (2014)
◎McGowan, R. T. S., Ellis, J. J., Bensky, M. K. & Martin, F. The ins and outs of the litter box: A detailed ethogram of cat elimination behavior in two contrasting environments. Appl. Anim. Behav. Sci. 194, 67–78 (2017)
◎Cottam, N. & Dodman, N. H. Effect of an odor eliminator on feline litter box behavior. J. Feline Med. Surg. 9, 44–50 (2007)
◎井上ら，猫が好むトイレ用砂（猫砂）およびトイレ容器の大きさに関する検討，第16回日本獣医内科学アカデミー学術大会(2020)
◎Beugnet, V. V. & Beugnet, F. Field assessment in single-housed cats of litter box type (covered/uncovered) preferences for defecation. J. Vet. Behav. 36, 65–69 (2020)
◎Hornfeldt, C. S. & Westfall, M. L. Suspected bentonite toxicosis in a cat from ingestion of clay cat litter. Vet. Hum. Toxicol. 38, 365–366 (1996)
◎Horwitz, D. F. Behavioral and environmental factors associated with elimination behavior problems in cats: a retrospective study. Appl. Anim. Behav. Sci. 52, 129–137 (1997)
◎ライオン商事「ニオイをとる砂」猫カフェ実験(https://www.lion-pet.jp/catsuna/product/)

■ P.136「多貓飼養要三思」→分離焦慮
◎de Souza Machado, D., Oliveira, P. M. B., Machado, J. C., Ceballos, M. C. & Sant'Anna, A. C. Identification of separation-related problems in domestic cats: A questionnaire survey. PLoS One 15, e0230999 (2020)
◎Desforges, E. J., Moesta, A. & Farnworth, M. J. Effect of a shelf-furnished screen on space utilisation and social behaviour of indoor group-housed cats (Felis silvestris catus). Appl. Anim. Behav. Sci. 178, 60–68 (2016)

■ P.143「帶著愛貓即刻避難——你辦得到嗎？」
◎環境省「熊本地震における被災動物対応記録集」
◎環境省「災害時におけるペットの救護対策ガイドライン」
◎環境省「災害、あなたとペットは大丈夫？人とペットの災害対策ガイドライン<一般飼い主編>」

【第4章／最新研究與貓咪雜學】

■ P.156「新藥『AIM』能夠有效對抗腎衰竭？」
◎医学書院【対談】ネコと腎臓病とAIM研究(https://www.igaku-shoin.co.jp/paper/archive/y2020/PA03357_01)
◎Sugisawa, R. et al. Impact of feline AIM on the susceptibility of cats to renal disease. Sci. Rep. 6, 35251 (2016)

■ P.159「緩解貓傳染性腹膜炎的新藥」
◎Pedersen, N. C. et al. Efficacy and safety of the nucleoside analog GS-441524 for treatment of cats with naturally occurring feline infectious peritonitis. J. Feline Med. Surg. 21, 271–281 (2019)

■ P.162「改善貓咪過敏的疫苗與飼料」
◎Thoms, F. et al. Immunization of cats to induce neutralizing antibodies against Fel d 1, the major feline allergen in human subjects. J. Allergy Clin. Immunol. 144, 193–203 (2019)
◎Satyaraj, E., Gardner, C., Filipi, I., Cramer, K. & Sherrill, S. Reduction of active Fel d1 from cats using an antiFel d1 egg IgY antibody. Immun Inflamm Dis 7, 68–73 (2019)

■ P.164「『大叔坐姿』其實是關節炎太過疼痛所致」
◎Fujiwara-Igarashi, A., Igarashi, H., Hasegawa, D. & Fujita, M. Efficacy and Complications of Palliative Irradiation in Three Scottish Fold Cats with Osteochondrodysplasia. J. Vet. Intern. Med. 29, 1643–1647
◎Gandolfi, B. et al. A dominant TRPV4 variant underlies osteochondrodysplasia in Scottish fold cats. Osteoarthritis Cartilage 24, 1441–1450 (2016)

■ P.167「預防萬一，請先確認愛貓的血型」
◎JAXAネコ用人工血液を開発=動物医療に貢献、市場は世界規模=(https://www.jaxa.jp/press/2018/03/20180320_albumin_j.html)
◎Yokomaku, K., Akiyama, M., Morita, Y., Kihira, K. & Komatsu, T. Core-shell protein clusters comprising haemoglobin and recombinant feline serum albumin as an artificial O2 carrier for cats. J. Mater. Chem. B Mater. Biol. Med. 6, 2417–2425 (2018)

■ P.170「貓咪也有慣用手？」
◎McDowell, L. J., Wells, D. L. & Hepper, P. G. Lateralization of spontaneous behaviours in the domestic cat, Felis silvestris. Anim. Behav. 135, 37–43 (2018)
◎McDowell, L. J., Wells, D. L., Hepper, P. G. & Dempster, M. Lateral bias and temperament in the domestic cat (Felis silvestris). J. Comp. Psychol. 130, 313–320 (2016)
◎Wells, D. L. & McDowell, L. J. Laterality as a Tool for Assessing Breed Differences in Emotional Reactivity in the Domestic Cat, Felis silvestris catus. Animals (Basel) 9, (2019)

■ P.173「貓咪也會做夢？」
◎Jouvet, M. The states of sleep. Sci. Am. 216, 62–8 passim (1967)

■ P.176「對著野鳥發出『喀喀喀』，是在模仿鳥叫聲？」→長尾虎貓的部分
◎de Oliveira Calleia, F., Rohe, F. & Gordo, M. Hunting Strategy of the Margay (Leopardus wiedii) to Attract the Wild Pied Tamarin (Saguinus bicolor). Neotropical Primates 16, 32–34 (2009)

■ P.177「飼主對貓咪來說猶如『貓媽媽』」
◎Vitale Shreve, K. R., Mehrkam, L. R. & Udell, M. A. R. Social interaction, food, scent or toys? A formal assessment of domestic pet and shelter cat (Felis silvestris catus) preferences. Behav. Processes 141, 322–328 (2017)
◎Vitale, K. R., Behnke, A. C. & Udell, M. A. R. Attachment bonds between domestic cats and humans. Curr. Biol. 29, R864–R865 (2019)
◎ナショナルジオグラフィック：ネコは飼い主をネコだと思っている？(https://natgeo.nikkeibp.co.jp/nng/article/20141215/428394/)
◎Nicastro, N. Perceptual and Acoustic Evidence for Species-Level Differences in Meow Vocalizations by Domestic Cats (Felis catus and African Wild Cats (Felis silvestris lybica). J. Comp. Psychol. (2004)

■ P.180「檢視貓咪『表達愛意』的訊息」
◎Bennett, V., Gourkow, N. & Mills, D. S. Facial correlates of emotional behaviour in the domestic cat (Felis catus). Behav. Processes 141, 342–350 (2017)
◎Tasmin, H., Leanne, P. & Jemma, F. The role of cat eye narrowing movements in cat–human communication. Sci. Rep. (2020)

【第5章／讓貓咪更幸福的Q&A集】

■ P.203「Q2」
◎Pratsch, L. et al. Carrier training cats reduces stress on transport to a veterinary practice. Appl. Anim. Behav. Sci. 206, 64–74 (2018)

■ P.207「Q5」
◎絢奈杉本，小百合本元 & 玄二菅村.「右に首を傾げると疑い深くなる—頭部の角度が対人認知，リスクテイキングおよび批判的思考に及ぼす影響—」.『実験社会心理学研究』55, 150–160 (2016)

■ P.210「Q7」
◎Stelow, E. A., Bain, M. J. & Kass, P. H. The Relationship Between Coat Color and Aggressive Behaviors in the Domestic Cat. J. Appl. Anim. Welf. Sci. 19, 1–15 (2016)
◎Delgado, M. M., Munera, J. D. & Reevy, G. M. Human Perceptions of Coat Color as an Indicator of Domestic Cat Personality. Anthrozoös 25, 427–440 (2012)

■ P.211「Q8」
◎Gordon, J. K., Matthaei, C. & van Heezik, Y. Belled collars reduce catch of domestic cats in New Zealand by half. Wildl. Res. 37, 372–378 (2010)

■ P.213「Q9」
◎Huang, L. et al. Search Methods Used to Locate Missing Cats and Locations Where Missing Cats Are Found. Animals (Basel) 8, (2018)

■ P.214「Q10」
◎Xu, X. et al. Whole Genome Sequencing Identifies a Missense Mutation in HES7 Associated with Short Tails in Asian Domestic Cats. Sci. Rep. 6, 31583 (2016)
◎Gordon, J. K., Matthaei, C. & van Heezik, Y. Belled collars reduce catch of domestic cats in New Zealand by half. Wildl. Res. 37, 372–378 (2010)

■ P.217「Q12」
◎Mystery solved? Why cats eat grass. Plants & Animals. Science. (https://www.sciencemag.org/news/2019/08/mystery-solved-why-cats-eat-grass)

■ P.228「Q19」
◎Cooley, C. M., Quimby, J. M., Caney, S. M. & Sieberg, L. G. Survey of owner subcutaneous fluid practices in cats with chronic kidney disease. J. Feline Med. Surg. 20, 884–890 (2018)

主要參考文獻一覽

【第1章／餵食注意事項】

■ P.17「要留意過度的『無穀信仰』」
◎Mueller, R. S., Olivry, T. & Prélaud, P. Critically appraised topic on adverse food reactions of companion animals (2): common food allergen sources in dogs and cats. BMC Vet. Res. 12, 9 (2016)

■ P.21「獸醫推薦的品牌」、P.38「自行餵食處方食品的危險性」
◎Plantinga, E. A., Everts, H., Kastelein, A. M. C. & Beynen, A. C. Retrospective study of the survival of cats with acquired chronic renal insufficiency offered different commercial diets. Vet. Rec. 157, 185–187 (2005)

■ P.24「結合乾食與溼食的『乾溼混合』」
◎徳本一義.「猫における水分摂取の重要性」.『ペット栄養学会誌』16, 96–98 (2013)

■ P.27「分『四餐』餵食的優點」、P.32「貓咪以『嗅覺』確認美食，而非味覺」
◎Zaghini, G. & Biagi, G. Nutritional peculiarities and diet palatability in the cat. Vet. Res. Commun. 29 Suppl 2, 39–44 (2005)

■ P.32「貓咪以『嗅覺』確認美食，而非味覺」
◎Royal Canine" Why is My Cat Fussy?" (https://breeders.royalcanin.com.au/cat/articles/nutrition-health/why-is-my-cat-fussy)
◎Belloir, C. et al. Biophysical and functional characterization of the N-terminal domain of the cat T1R1 umami taste receptor expressed in Escherichia coli. PLoS One 12, e0187051 (2017)

■ P.34「餵食熟齡貓，須依體質下工夫」
◎Harper, E. J. Changing perspectives on aging and energy requirements: aging and energy intakes in humans, dogs and cats. J. Nutr. 128, 2623S–2626S (1998)
◎Bellows, J. et al. Aging in cats: Common physical and functional changes. J. Feline Med. Surg. 18, 533–550 (2016)

■ P.41「手作鮮食？請等一下！」
◎Wilson, S. A., Villaverde, C., Fascetti, A. J. & Larsen, J. A. Evaluation of the nutritional adequacy of recipes for home-prepared maintenance diets for cats. *J. Am. Vet. Med. Assoc.* 254, 1172–1179 (2019)

■ P.43「零食未必不好」
◎最新科学で猫の体重管理。肥満を抑えて体型を維持するサイエンス・ダイエット (ヒルズペット: https://www.hills.co.jp/science-diet/cat-neutered)
◎Wilson, C. et al. Owner observations regarding cat scratching behavior: an internet-based survey. J. Feline Med. Surg. 18, 791–797 (2016)

■ P.46「注意保健食品的過度攝取與誤食！」
◎ネコにはネコの乳酸菌！？～ネコにおける加齢に伴う腸内細菌叢の変化～(https://www.a.u-tokyo.ac.jp/topics/2017/20170817-1.html)
◎Masuoka, H. et al. Transition of the intestinal microbiota of cats with age. PLoS One 12, e0181739 (2017)

【第2章／健康長壽的注意事項】

■ P.54「光是外出，就足以縮短三年壽命」
◎２０１９年（令和元年）全国犬猫飼育実態調査 結果 (一般社団法人 ペットフード協会)
◎Oxley, J., Montrose, T. & Others. High-rise syndrome in cats. Veterinary Times 26, 10–12 (2016)

■ P.58「預防傳染病，兼顧疫苗風險與施打頻率」
◎Finch, N. C., Syme, H. M. & Elliott, J. Risk Factors for Development of Chronic Kidney Disease in Cats. J. Vet. Intern. Med. 30, 602–610 (2016)
◎WSAVA 犬と猫のワクチネーションガイドライン
◎ねこを守ろう。(ゾエティス社: https://www.nekomamo.com/parasite/filaria/)

■ P.66「香菸、含香料清潔劑與除菌噴霧，同樣損及健康」
◎Bertone, E. R., Snyder, L. A. & Moore, A. S. Environmental tobacco smoke and risk of malignant lymphoma in pet cats. Am. J. Epidemiol. 156, 268–273 (2002)
◎Sheu, R. et al. Human transport of thirdhand tobacco smoke: A prominent source of hazardous air pollutants into indoor nonsmoking environments. Sci Adv 6, eaay4109 (2020)
◎Bertone, E. R., Snyder, L. A. & Moore, A. S. Environmental and lifestyle risk factors for oral squamous cell carcinoma in domestic cats. J. Vet. Intern. Med. 17, 557–562 (2003)
◎Rand, J. S., Kinnaird, E., Baglioni, A., Blackshaw, J. & Priest, J. Acute stress hyperglycemia in cats is associated with struggling and increased concentrations of lactate and norepinephrine. J. Vet. Intern. Med. 16, 123–132 (2002)
◎「猫の疾患 総まとめ：後編 高残香性柔軟剤・消臭除菌スプレー・家庭用洗浄剤による伴侶動物の健康被害」.『CLINIC NOTE No.164 2019 Mar 3月号』
◎香害について　5症例の報告(CLINIC NOTE No.164の著者のブログ:https://ameblo.jp/catsclinic/entry-12445386369.html)

■ P.71「健康檢查『半年一次』，等於人類的兩年一次」、P.73「小喵的例行健康檢查項目」
◎堀ら,「猫NT-proBNPの院内検査キットを用いた心疾患の検出精度の解析」,『動物の循環器』52, 11–19 (2019)
◎Hall, J. A., Yerramilli, M., Obare, E., Yerramilli, M. & Jewell, D. E. Comparison of serum concentrations of symmetric dimethylarginine and creatinine as kidney function biomarkers in cats with chronic kidney disease. J. Vet. Intern. Med. 28, 1676–1683 (2014)
◎IRIS Staging of CKD (modified 2019) (http://www.iris-kidney.com)

■ P.80「在家也能執行的詳細健檢」
◎Slingerland, L. I., Hazewinkel, H. A. W., Meij, B. P., Picavet, P. & Voorhout, G. Cross-sectional study of the prevalence and clinical features of osteoarthritis in 100 cats. Vet. J. 187, 304–309 (2011)
◎Evangelista, M. C. et al. Facial expressions of pain in cats: the development and validation of a Feline Grimace Scale. Sci. Rep. 9, 19128 (2019)
◎MacEwen, E. G. et al. Prognostic factors for feline mammary tumors. J. Am. Vet. Med. Assoc. 185, 201–204 (1984)
◎Overley, B., Shofer, F. S., Goldschmidt, M. H., Sherer, D. & Sorenmo, K. U. Association between ovarihysterectomy and feline mammary carcinoma. J. Vet. Intern. Med. 19, 560–563 (2005)
◎Lewis, S. J. & Heaton, K. W. Stool form scale as a useful guide to intestinal transit time. Scand. J. Gastroenterol. 32, 920–924 (1997)
◎Benjamin, S. E. & Drobatz, K. J. Retrospective evaluation of risk factors and treatment outcome predictors in cats presenting to the emergency room for constipation. J. Feline Med. Surg. 22, 153–160 (2020)
◎Norsworthy, G. D. et al. Prevalence and underlying causes of histologic abnormalities in cats suspected to have chronic small bowel disease: 300 cases (2008-2013). J. Am. Vet. Med. Assoc. 247, 629–635 (2015)

■ P.92「確實執行！飼主可以做好的貓咪疾病預防」
◎Teng, K. T., McGreevy, P. D., Toribio, J.-A. L. M. L. & Dhand, N. K. Positive attitudes towards feline obesity are strongly associated with ownership of obese cats. PLoS One 15, e0234190 (2020)
◎Shoelson, S. E., Herrero, L. & Naaz, A. Obesity, inflammation, and insulin resistance. Gastroenterology 132, 2169–2180 (2007)
◎Larsen, J. A. Risk of obesity in the neutered cat. J. Feline Med. Surg. 19, 779–783 (2017)
◎Finch, N. C., Syme, H. M. & Elliott, J. Risk Factors for Development of Chronic Kidney Disease in Cats. J. Vet. Intern. Med. 30, 602–610 (2016)
◎徳本一義.「猫における水分摂取の重要性」.『ペット栄養学会誌』16, 96–98 (2013)
◎Grant, D. C. Effect of water source on intake and urine concentration in healthy cats. J. Feline Med. Surg. 12, 431–434 (2010)
◎Robbins, M. T. et al. Quantified water intake in laboratory cats from still, free-falling and circulating water bowls, and its effects on selected urinary parameters. J. Feline Med. Surg. 21, 682–690 (2019)

■ P.100「SOS！看懂貓咪的救命警訊」
◎高柳ら,「猫の尿管結石27例」,『日獣会誌』65, 209–215(2012)

【第3章／居住環境的注意事項】

■ P.110「正因是家人，更須意識到『貓咪不是人類』」→環境豐富化的指引
◎Bradshaw, J. Cat Sense: The Feline Enigma Revealed. (Penguin UK, 2013).
◎Ellis, S. L. H. et al. AAFP and ISFM feline environmental needs guidelines. J. Feline Med. Surg. 15, 219–230 (2013)

■ P.111「『確保貓咪擁有可環顧空間的『展望台』」
◎Kim, Y., Kim, H., Pfeiffer, D. & Brodbelt, D. Epidemiological study of feline idiopathic cystitis in Seoul, South Korea. J. Feline Med. Surg. 20, 913–921 (2018)

■ P.114「『光是有『藏身處』，就能提升貓咪安心感」
◎Buckley, L. A. & Arrandale, L. The use of hides to reduce acute stress in the newly hospitalised domestic cat (Felis sylvestris catus). Veterinary Nursing Journal 32, 129–132 (2017)
◎van der Leij, W. J. R., Selman, L. D. A. M., Vernooij, J. C. M. & Vinke, C. M. The effect of a hiding box on stress levels and body weight in Dutch shelter cats; a randomized controlled trial. PLoS One 14, e0223492 (2019)

■ P.115「徹底滿足貓咪磨爪子的需求」
◎Martell-Moran, N. K., Solano, M. & Townsend, H. G. Pain and adverse behavior in declawed cats. J. Feline Med. Surg. 20, 280–288 (2018)

後記

我會開始透過社群網站分享資訊，是因為在動物醫院工作時，遇到了百合中毒的貓咪卻搶救無效，飼主對於自己的知識不足感到自責一事。

確實，早知道百合對貓咪來說是劇毒的話，應該沒有飼主會在家中擺放百合吧？但是平常缺少接觸到這些專業知識的機會，飼主們會不曉得也是莫可奈何。這次的經驗讓我強烈體會到：「傳播正確的知識，有助於拯救許多性命。」

於是幾天後我就註冊了推特的帳號，開始分享希望飼主們能夠了解的資訊。我現在只隱約記得當時都在想「貓咪名醫都寫了些什麼？」所以實際心態可能記得不是很清楚了，不過當時我已經開始參與研究工作，希望能夠拯救苦於不治之症的貓咪，但或許內心還是對許多有機會挽救卻依然喪失的小生命耿耿於懷，才會致力於資訊的分享。

持續分享資訊的過程中，逐漸收到「多虧您的推特，才能及早發現貓咪生病了」等迴響，讓我不禁慶幸起自己有持續下去。

如今開設帳號已經兩年，有幸獲得超過四萬名愛貓人士的追蹤，並多虧許多人的幫忙才得以出版本書。

我今後仍會持續分享資訊，希望能幫助更多的貓咪與飼主打造幸福快樂的生活。當然我也不會疏忽本業，期望總有一天能夠端出拯救更多貓咪性命的研究成果。

獸醫NYANTOS

作者／**獸醫NYANTOS**

小喵

自某國立大學獸醫系畢業後，歷經臨床經驗後取得獸醫學博士的學位，現任某研究所的研究員，專攻罕見疾病基礎研究。2018年起透過推特與部落格為各位飼主提供貓咪資訊，分享許多以科學根據為基礎的有益內容，獲得許多愛貓人士的支持，夢想是「藉科學的力量拯救苦於罕見疾病的犬貓」。是與愛貓小喵住在一起的「貓奴」。

Twitter @nyantostos
Instagram @nyantostos
Blog「げぼくの教科書」 https://nyantos.com

插圖／**OKIEIKO**

鮒仔魚

小米

插畫家，主要活躍於網路與書籍。專門分享貓咪漫畫等的社群網站吸引了超過10萬名追蹤者，著作包括《ねこ活はじめました かわいい！愛しい！ だから知っておきたい保護猫のトリセツ》、《ダラママ主婦の子育て記録 なんとかここまでやってきた》（均為KADOKAWA出版）。是與兩隻愛貓鮒仔魚＆小米住在一起的「貓奴」。

Twitter @oki_soroe

STAFF 書籍設計／ヤマシタツトム
DTP・圖版／NOVO
編輯／細田操子・平田治久（NOVO）

獣医にゃんとすの猫をもっと幸せにする「げぼく」の教科書
JUUI NYANTOSU NO NEKO WO MOTTO SHIAWASE NI SURU「GEBOKU」NO KYOUKASHO

Originally published in Japan by Futami Shobo Publishing Co., Ltd.,
Chinese (in traditional character only) translation rights arranged with
Futami Shobo Publishing Co., Ltd., through CREEK & RIVER Co., Ltd.

出　　版／楓葉社文化事業有限公司
地　　址／新北市板橋區信義路163巷3號10樓
郵政劃撥／19907596 楓書坊文化出版社
網　　址／www.maplebook.com.tw
電　　話／02-2957-6096
傳　　真／02-2957-6435
作　　者／獸醫NYANTOS
翻　　譯／黃筱涵
責任編輯／江婉瑄
內文排版／謝政龍
校　　對／邱鈺萱
港澳經銷／泛華發行代理有限公司
定　　價／350元
初版日期／2022年6月

國家圖書館出版品預行編目資料

為貓咪打造幸福生活的「貓奴」養成指南 / 獸醫NYANTOS作；黃筱涵翻譯. -- 初版. -- 新北市：楓葉社文化事業有限公司, 2022.06　面；　公分

ISBN 978-986-370-416-4（平裝）

1. 貓 2. 寵物飼養

437.364　　111004830